Der Steyr-Puch Pinzgauer

des Österreichischen Bundesheeres

WALTER BLASI

Der Steyr-Puch Pinzgauer

des Österreichischen Bundesheeres

W-H EDITION WINKLER-HERMADEN

Das Titelbild zeigt eine Pinzgauer-Wagenkolonne während einer Ausbildung für Auslandseinsätze der UNO.

Autor und Verlag bedanken sich herzlichst bei allen Personen und Institutionen, allen voran dem Österreichischen Bundesheer, für das Zustandekommen des Buches.

HKFW Traditionsverband Heereskraftfahrwesen

Inh. Ulrich Winkler-Hermaden, Hauptstraße 37, A-2123 Schleinbach
info@edition-wh.at
www.edition-wh.at
Satz und Layout: Ecker-Design, A-2020 Hollabrunn
Gedruckt in der EU bei Finidr s.r.o.
ISBN 978-3-9504937-6-4

Inhalt

Vorwort des Herausgebers 7
Ohne Haflinger kein Pinzgauer 8
Die Erprobung des Pinzgauers durch das Österreichische Bundesheer 13
Die Indienststellung des Pinzgauers nimmt langsam Gestalt an 24
Anfangsschwierigkeiten 28
Der Pinzgauer wird zur Erfolgsstory 34
Die Großabnehmer Österreichisches Bundesheer und Schweizer Armee 37
Technologiesprung: der Turbo-Diesel-Pinzgauer 42
Auch das beste Geländeauto kommt einmal in die Jahre 46
The Pinzgauer goes America? 48
Das Ende der Erfolgsstory. Das letzte Modell läuft vom Band 49
Das weitere Schicksal des Pinzgauers 50
Die Pinzgauerfamilie im Österreichischen Bundesheer 51
- Der erste im Österreichischen Bundesheer zugelassene Pinzgauer mit der Fahrgestellnummer 575.0001 51
- Viel bestaunt auf Paraden 55
- Auch ein Pinzgauer muss gewartet werden 57
- Einsatz im Fernmeldewesen 59
- Wichtige Stütze bei Katastropheneinsätzen 61
- Ein Automobil für jede Jahreszeit 64
- Der Pinzgauer in der Fliegerabwehr 81
- Raustreten zum Fahrzeugappell! 85
- Auslandseinsätze des Pinzgauers 88
- Ein „Katalog“ von Pinzgauern in ziviler und militärischer Ausführung 96

Technische Daten 106
- Pinzgauer 710 und 712 106
- Pinzgauer Turbo D 114

Literatur 119
Bildnachweis 119

Pinzgauer 710 4 x 4 der österreichischen Blauhelme vor einem Frachtschiff.

Vorwort des Herausgebers

Es freut uns, dass wir mit diesem Buch bereits den zweiten Band unserer Reihe über die Kraftfahrgeschichte des Österreichischen Bundesheeres präsentieren können. Wie bereits im ersten Band über die Geschichte des Haflingers hat Dr. Walter Blasi auch hier wieder die Archive durchforstet und eine Übersicht über die Entwicklung und Einsatzgeschichte einer Ikone des österreichischen Geländefahrzeugbaus zusammengestellt.

Der Pinzgauer war in jeder Hinsicht die „zweite Stufe" des mit dem Haflinger begonnenen Geländefahrzeugbooms aus Grazer Fertigung. War der Haflinger noch ein sehr auf den österreichischen (beziehungsweise alpinen) Raum zugeschnittenes Fahrzeug, so erregte der Pinzgauer internationales Interesse und eroberte im Zuge seiner inzwischen über 50 Jahre langen Geschichte alle Kontinente. Auch heute ist er noch in vielen Armeen weltweit anzutreffen, und das österreichische Herz schlägt immer ein wenig schneller, wenn man einen „Pinzi" in fernen Weltregionen antrifft.

Der Traditionsverband Heereskraftfahrwesen hat es sich seit seiner Gründung zum Ziel gesetzt, die Geschichte der österreichischen Heeresmotorisierung nicht nur durch das Erhalten von Fahrzeugen, sondern auch durch das Dokumentieren der technischen Entwicklungen und deren Einführung im Bundesheer „am Leben zu erhalten". Unser Dank gilt dem Autor, der nun sein zweites Werk fertiggestellt hat – und die Pläne für die kommenden Jahre nehmen bereits konkrete Formen an.

Wir wünschen allen Lesern viel Vergnügen mit diesem zweiten Werk über die Meilensteine österreichischer Nachkriegs-Heeresmotorisierung!

Dr. Hermann Spörker
Obmann des Traditionsverbands Heereskraftfahrwesen
Wien, im Frühjahr 2022

Ohne Haflinger kein Pinzgauer

Bei seiner Gründung im Jahr 1955 wurde das Österreichische Bundesheer fast ausschließlich mit amerikanischen Kraftfahrzeugen aus der Zeit des Zweiten Weltkrieges einschließlich zahlreicher Sonderausführungen ausgestattet, was zu großen Schwierigkeiten bei der Ersatzteilversorgung führte. Ab etwa 1959 setzten Bestrebungen ein, den Fuhrpark des Bundesheeres durch Fahrzeuge österreichischer Provenienz zu ersetzen und im Lauf der Zeit die „Schmetterlingssammlung" zu vereinheitlichen. Trotz der geringen Geldmittel, die dafür zur Verfügung standen, erwiesen sich die Entwicklungsarbeiten und die planmäßig durchgeführten Beschaffungen als erfolgreich. Mit tatkräftiger Unterstützung der heimischen Unternehmen aus der Kraftfahrzeugindustrie wie Steyr-Daimler-Puch, Gräf & Stift, Saurer und der Österreichischen Automobil Fabriks-AG (ÖAF) konnte das Bundesheer mit modernen Fahrzeugen von internationalem Ruf ausgestattet werden. So war es möglich, bis 1977 die amerikanischen Kraftfahrzeuge der Kriegsproduktion bis auf einige Sonderfahrzeuge auszuscheiden. Einzelne Fahrzeugtypen, deren Herstellung in Österreich nicht rationell gewesen wäre, wurden allerdings aus dem Ausland beschafft.

Als erste große eigenständige österreichische Produktion wurde der Steyr-Puch Haflinger verwirklicht. Dieses Fahrzeug wurde ja bereits in einer eigenen Publikation gewürdigt.

Die zu geringen Außenmaße und die relativ geringe Nutzlast für den immer größer werdenden Transportbedarf seitens zahlreicher (militärischer) Interessenten machten die Entwicklung eines Nachfolgers des Haflingers notwendig. Eine andere Quelle nennt auch die Suche nach einem Nachfolger der verschiedenen Dodge-Fahrzeuge als Auslöser für die Entwicklung des Husars der ÖAF und des Pinzgauers von Steyr-Daimler-Puch.

In Graz begann man jedenfalls sehr bald nach dem Beginn der Serienerzeugung des Haflingers, Studien über ein größeres Geländefahrzeug mit höherer Nutzlast durchzuführen. 1962 entstanden die ersten Vorentwürfe, bei denen konsequent die konstruktive Linie des Haflingers weiterverfolgt wurde, was Zentralrohrrahmen, Pendelachsen und die Einzelaufhängung aller Räder betraf. Der (luftgekühlte) Motor saß allerdings nicht im Heck, sondern hinter dem Fahrer, was so in der Serienfertigung nicht verwirklicht wurde. Technische „Oberhoheit" hatte wie beim Haflinger Dipl.-Ing. Dr. Erich Ledwinka. Das Grundkonzept für den Pinzgauer wurde 1962 von Dipl.-Ing. Christoph Zeiler zu Papier gebracht.

Anfang der 1960er-Jahre waren 18 Personen, und zwar ohne Computer, im Grazer Puch-Konstruktionsbüro mit dem Pinzgauer-Projekt beschäftigt. Sie hatten bloß eine Idee und jede Menge Papier, Bleistifte, Lineale und Rechenschieber, wie sich einige Ingenieure von damals erinnerten. Nicht einmal ein Bauteil wurde zuerst gefertigt und dann erst gezeichnet.

Ein Problem für die Konstrukteure waren die mangelnden Vergleichsmöglichkeiten, denn es gab kaum Konkurrenzfahrzeuge. Außerdem fehlte ein sogenanntes Pflichtenheft (darin steht, vereinfacht ausgedrückt, was das Fahrzeug können und in welcher Stückzahl es beschafft werden soll). So war man auf „Zurufe" potenzieller Kunden wie das Österreichische Bundesheer und die Schweizer Armee angewiesen. Das führte zu kuriosen Phänomenen: Den Schweizern war der erste Entwurf zu groß, während er den Österreichern zu klein war. Wünsche der Militärs wirkten sich wiederum auf die zivilen Pläne der Steyr-Daimler-Puch-Werke störend aus. Wegen des hohen Anteils an Handarbeit bei der Fertigung war der Wagen für Privatpersonen kaum erschwinglich. Marktanalysen ergaben andererseits, dass die Nachfrage nach Fahrzeugen dieser Art und Dimension für eine Serienproduktion genügend groß war. Das heißt, der Pinzgauer wurde von der Marktseite her konstruiert.

Die ersten Prototypen wurden 1965 präsentiert, bereits 1966 erfolgten die ersten Vorführungen, vor allem bei Militärkunden. 1967 erhielten handverlesene potenzielle zukünftige Kunden wie das Österreichische Bundesheer und die Schweizer Armee erste Erprobungsfahrzeuge. Die Schweiz bestellte 1971 den Pinzgauer.

1967 wurde auch eine 6 x 6-Version vorgestellt. Diese wurde 1971 von der Schweizer Armee in den Truppenversuch genommen, weil sie ebenfalls als Armeefahrzeug vorgesehen war. Im Jahr darauf führte man mit bestem Erfolg bei bis zu minus 40 Grad Celsius Erprobungen gemeinsam mit österreichischen, Schweizer und schwedischen Militärs im hohen Norden durch. Ein wesentlicher Bestandteil der Tests durch die Steyr-Daimler-Puch-Werke waren Fahrten am Schöckl (1445 Meter) nördlich von Graz. Der Südhang hält für Geländewagen jede nur erdenkliche Spitzfindigkeit bereit, und das Grazer Werk nutzte seit den ersten Entwicklungstagen des Haflingers diesen Hang als Testgelände. Angeblich sollen auf dem Schöckl Kaufverträge für Dutzende Pinzgauer unterzeichnet worden sein, nachdem Minister, Staatssekretäre oder Generäle – oft mit Schweiß auf der Stirn und voller Adrenalin – in der Direttissima auf den Gipfel chauffiert worden waren.

Pinzgauer-Prototyp von 1965.

Pinzgauer-Prototyp von 1965 neben einem Puch-Haflinger, der noch nicht dem Serienmodell entspricht.

Pinzgauer-Prototyp von 1965 in Seitenansicht.

Pinzgauer-Prototyp von 1965 während einer Geländeerprobung.

Die Erprobung des Pinzgauers durch das Österreichische Bundesheer

Die Erprobung des Pinzgauers durch das Bundesheer war sehr intensiv, der Weg vom ersten Prototyp bis zum Serienfahrzeug war ein langjähriger Prozess. Federführend im Bundesministerium für Landesverteidigung war offenbar das Planungsbüro A, das mehrere militärische Institutionen, Schulen und Verbände in das Verfahren involvierte. Das waren in erster Linie die Prüf- und Versuchsstelle für Kraftfahr- und Maschinenwesen, die Wehrtechnik/Motor, die Heereskraftfahrschule (HKS), das Jägerbataillon 19, die Artillerieschule und die TelTruppenSchule.

Tatsächlich wurde bereits im August 1967 von der Stelle für Wehrtechnik/Motor mit der technischen Erprobung des Pinzgauer-Prototyps 710 4 x 4 begonnen. In einem Bericht vom April 1969 wurde mitgeteilt, dass bei der technischen Erprobung von drei Pinzgauer-Prototypen insgesamt etwa 135.000 Kilometer abgespult worden waren: pro Fahrzeug 33.000 Kilometer auf der Straße und 12.000 Kilometer im Gelände. Die reine Erprobungszeit betrug etwa 41 Wochen. Zum Testen standen Wagen 1 mit der Motor/Fahrgestellnummer 5 750 001 (BH 77.362), Wagen 2 mit der Motor/Fahrgestellnummer 5 750 002 (BH 77.363) und Wagen 3 mit der Motor/Fahrgestellnummer 5 750 003 (BH 77.364) zur Verfügung.

Bei der Fahrtstrecke von 30.000 Kilometern traten erhebliche technische Mängel bei Motor, Fahrwerk, Getriebe, Aufbau, Heizung und Geräuschdämmung auf, sodass nach deren Behebung eine weitere Erprobung (daher 30.000 Kilometer plus 15.000 Kilometer) erforderlich war. Insgesamt wurden mit dem Pinzgauer vonseiten des Werks und des Militärs während der gesamten Erprobungsphase mehr als eine Million Kilometer unter den verschiedensten Bedingungen zurückgelegt.

Mängel, die kurz nach Abschluss der erweiterten Erprobung auftraten, aber aus Kostengründen nicht behoben wurden, sollten bei der Serienfertigung des Zweiachsers berücksichtigt werden.

Während der zweiten verlängerten Erprobungsphase hielten Motor, Getriebe und Fahrwerk nach den durchgeführten Verbesserungen stand. Die Fahrzeuge wurden in der Folge sowohl an die Prüf- und Versuchsstelle für Kraftfahr- und

Ein Stabsoffizier und drei Unteroffiziere vor jenem Pinzgauer 710 4 x 4, mit dem stolze 100.000 Kilometer Erprobungsfahrt zurückgelegt wurden. Es handelt sich bei dem Fahrzeug um Wagen 2.

Maschinenwesen als auch an die HKS zwecks Truppenerprobung übergeben. Soweit feststellbar, wurde Wagen 1 mit der Motor/Fahrgestellnummer 5 750 001 von einem Vergaser auf zwei umgerüstet.

In einem Akt des Bundesministeriums für Landesverteidigung vom März 1969 wurde Folgendes festgelegt: Nach Abschluss der technischen Erprobung war die Truppenerprobung, mit der die HKS beauftragt worden war, durchzuführen. Mit der ersten Maßnahme, einer „taktischen Erprobung", sollte die Eignung des Kraftfahrzeugs als Trupp-(Gruppen) Kraftfahrzeug, Kommandofahrzeug, Zugmittel für die 10,2 cm rückstoßfreie Panzerabwehrkanone, Zugmittel für die 2 cm Infanterie-Fliegerabwehrkanone 65, Transportkraftfahrzeug für den mittleren Granatwerfertrupp, Fernmeldekraftfahrzeug (mittlerer Funksprech-Trupp, Fernschreibtrupp usw.) und als Transportkraftfahrzeug für den Pionier-Erkundungs- und Vermessungstrupp festgestellt werden. Weiters sollten die Beweglichkeit, Wendigkeit und Geländegängigkeit beim gefechtsmäßigen Einsatz untersucht werden, und schließlich war ein Vergleich mit gl LKW 3/4 t Dodge und gl LKW 1/4 t Jeep/Haflinger anzustellen. Für diese Aufgaben veranschlagte man einen Zeitrahmen von fünf bis sechs Wochen.

Mit der Truppenerprobung durch die HKS sollten Fahreigenschaften und Fahrsicherheit beim Fahren mit und ohne Beladung und Anhängelast auf schlechten Straßen und Wegen, auf Steigungen und Gefälle im Gebirge, im Gelände, bei Nässe und Straßenglätte, im Schlamm und aufgeweichten Boden festgestellt werden, weiters Zugleistungen; Bedienbarkeit, Wartung und Instandhaltung durch Heereskraftfahrer; Reparaturanfälligkeit und Durchführung von Inspektionen und Instandsetzung durch Truppendienste; Ausbildungsbedingungen bei der Kraftfahrgrundausbildung und Umschulung; Ausstattung und Ausrüstung mit Werkzeug und Gerät und die Eignung im Winterbetrieb. Bereits im Sommer sollte ein allgemeines Urteil über die Eignung und Verwendungsmöglichkeiten des Pinzgauers vorliegen.

In einem kurzen Bericht vom Mai 1969 listete der Versuchsstab der HKS 24 Mängel auf. Zum Test standen zwei Pinzgauer zur Verfügung: ein 74 PS Einvergasermodell (BH 77.364, der Wagen 3) und ein 90 PS Zweivergasermodell (BH 77.362, der Wagen 1). Unter anderem wurden die Beheizung der Kraftfahrzeuge, die hohe Bauart, die Geräuschentwicklung (Getriebe und Lüfterrad), die Fahreigenschaften (Lenkgeometrie), die Lichtmaschine (mehrere Wellenbrüche), Blasenbildung in der Kraftstoffleitung, die Geländegangabstufung und ein heiß gelaufener Motor kritisiert.

Der ausführliche erste Zwischenbericht des Versuchstabs der HKS vom Juli 1969 zeichnete dann aber ein sehr positives Bild von dem Pinzgauer 4 x 4. Sowohl als Truppkraftfahrzeug als auch als Kommandokraftfahrzeug übertraf er („sehr gute Eignung für diese Verwendungszwecke") in allen Punkten die vergleichbaren amerikanischen Fahrzeuge. Der Pinzgauer war „stärker, schneller, wendiger, geländegängiger, tragfähiger und im Innenraum größer".

Für die Truppenerprobung standen, wie erwähnt, zwei Motorvarianten zur Verfügung: ein Modell mit 74 PS (Mannschaftskraftfahrzeug) und einem Vergaser sowie ein Modell mit 90 PS und zwei Vergasern (Kommandokraftfahrzeug). Festgehalten wurde, dass die Variante mit 90 PS hinsichtlich Beschleunigung und Endgeschwindigkeit den VW Käfer 1300 übertreffe. Bei raschen Bewegungen im Gelände stand der Pinzgauer unangefochten an der Spitze. Allerdings konnten gewisse Geländehindernisse wie etwa Hohlwege und schmale Stege, die der Haflinger gerade noch bewältigt hatte, vom Pinzgauer nicht mehr befahren werden, was man bewusst in Kauf nahm, erfüllte dieses Fahrzeug doch die Wünsche der Truppe hinsichtlich der Geschwindigkeit auf der Straße (110 km/h) und der größeren Ladekapazität unter Beibehaltung der guten Geländeeigenschaften.

Bei der Truppenerprobung wurde festgestellt, dass das Kraftfahrzeug trotz des hohen Schwerpunktes einen Pkw-ähnlichen Charakter habe. Eine Fahrunsicherheit beim Kurvenfahren durch eine noch nicht einwandfrei ausgelegte Lenkgeometrie sowie eine unzureichende Bremswirkung beeinträchtigten die Fahreigenschaften. Diese Fehler waren bei einem weiteren von den Steyr-Daimler-Puch-Werken zur Verfügung gestellten Werksversuchsfahrzeug beseitigt, das sich durch einwandfreie Lenkeigenschaften und ausreichendes Bremsverhalten aufgrund des Einbaus eines Bremskraftverstärkers auszeichnete. Bei Talfahrten mit einem unbeladenen Fahrzeug trat eine Tendenz zum Ausbrechen der Hinterachse auf. Bei einer Beladung mit 200 bis 300 Kilo beruhigte sich jedoch das Fahrverhalten. Die Reifen mit Geländeprofilen hatten bei regennassen Straßen schlechtere Haftwerte als Straßenreifen – aufgrund der hohen Fahrgeschwindigkeiten sah man darin vor allem bei ungeübten Fahrern eine erhöhte Unfallgefahr.

Mit einem größeren Lenkrad konnte die schwergängige Lenkung verbessert werden. Das synchronisierte Vierganggetriebe der Variante mit 90 PS wurde als völlig ausreichend beurteilt (in der Serienproduktion verbaute man allerdings ein Fünfganggetriebe). Alle Bedienungshebel sowie das neu gestaltete Armaturenbrett bekamen ebenfalls gute Bewertungen. Eine Umschulung der Kraftfahrer vom Haflinger und vom Jeep erachtete man aufgrund der unterschiedlichen Fahreigenschaften der Fahrzeuge als „aufwendig und nicht sinnvoll". Als ungeklärte technische Probleme wurden folgende Punkte angeführt: Heizung, Rückfahrscheinwerfer, Pannenbeleuchtung, Nebelscheinwerfer, Aufbaugestaltung, Thermostat, Lenkungsdämpfer, Werkzeugkasten sowie der Batterieraum (Oxidationsschutz).

Im Juli 1969 wurden vom Steyr-Daimler-Puch-Werk die ersten beiden Pinzgauer 712 6 x 6 (Fahrgestellnummern 5 700 024 und 5 700 027) zur Erprobung an das Militär ausgeliefert, nachdem mehrere Arbeiten beziehungsweise Verbesserungen durchgeführt worden waren. Das betraf das Zwischengetriebe, die Lichtmaschine und eine Verdrehung der Radantriebsgehäuse an den rückwärtigen Halbachsen. Die erste Verschleißuntersuchung beim Dreiachsmodell nahm das Steyr-Daimler-Puch-Werk übrigens erst nach einer Fahrleistung von 50.000 Kilometern vor.

Im September 1969 sollten in einer Besprechung zwischen dem Planungsbüro A und der Fliegerabwehrtruppenschule die Weichen für die Fahrzeugverwendung als Waffenträger und Zugmittel für die 2 cm FlaK 58 (Fliegerabwehrkanone) und der IFlaK 65 (Infanteriefliegerabwehrkanone) gestellt werden. Es musste eine Entscheidung getroffen werden, ob der Pinzgauer oder der Husar von der ÖAF diese Aufgaben übernehmen sollte. Ab 1. September 1969 wurde der HKS für zwei Monate ein modifizierter zweiachsiger Pinzgauer für Erprobungszwecke zur Verfügung gestellt. Zum selben

Zeitpunkt wurde von der Versuchsstelle für Kraftfahr- und Maschinenwesen ein Prototyp der dreiachsigen Version des Pinzgauers bereitgestellt. Mit diesen beiden Fahrzeugen wurde die Truppenerprobung mit den infrage kommenden Truppenkörpern fortgesetzt.

Pinzgauer 710 4 x 4 mit aufgesessenen Jägern während einer Erprobung beim Jägerbataillon 19 im Jahr 1969. Es handelt sich um Wagen 3.

Für die Erprobung beim Jägerbataillon 19 in Pinkafeld waren sechs Tage eingeplant. Der erste Tag war für den Anmarsch des Erprobungsteams der HKS von Baden nach Pinkafeld und Besprechungen vorgesehen. Am zweiten Tag führte man mit dem Pinzgauer Verlastungserprobungen durch, und zwar als Kommandantenkraftfahrzeug, Transportkraftfahrzeug für die Stabskompanie, als Gruppenfahrzeug, Transportkraftfahrzeug für den mittleren Granatwerfertrupp und als Zugmittel für die 2 cm Infanteriefliegerabwehrkanone. Am dritten Tag wurde das Kraftfahrzeug als Zugmittel für den schweren Granatwerfer erprobt. Der vierte Tag war der Erprobung als Fernmeldekraftfahrzeug gewidmet, am fünften Tag erfolgten Geländefahrten im Raum Hochwechsel. Der Abschlussbericht wurde am letzten Tag verfasst, und es erfolgte die Rückverlegung des Erprobungsteams der HKS.

Basierend auf den beim Jägerbataillon 19 gewonnenen Erfahrungen mit dem Zweiachs- und Dreiachsmodell wurden die Erprobungen bei der Artillerieschule und der TelTruppenschule durch die HKS fortgesetzt. Folgende Verwendungen der beiden Versionen waren zu untersuchen: als Kommandantenkraftfahrzeug; Transportkraftfahrzeug für Stäbe (Zweiachsversion, fünf Sitze und kleine Pritsche, fünftürig, fester Aufbau ab Kompanie, darunter Planenaufbau); Truppkraftfahrzeug und Zugkraftfahrzeug (Zweiachsversion, acht Sitze und kleine Pritsche nach Wahl, abnehmbarer Planenaufbau); Fernmeldekraftfahrzeug (mittlerer Funksprechtrupp, Fernschreibtrupp) (Dreiachsversion, fester Aufbau); Gruppenkraftfahrzeug und Zugkraftfahrzeug (Dreiachsversion, zehn Sitze, Pritsche nach Wahl, abnehmbarer Planenaufbau). Mit diesen Testfahrten sollte endgültig festgelegt werden, für welche Aufgaben die beiden Pinzgauer-Versionen (zweiachsig und dreiachsig) geeignet sind und welche Aufbauten für die verschiedenen Verwendungen benötigt werden.

1969 machte sich die Artillerieschule Gedanken über die Verwendungsmöglichkeiten des Pinzgauers in der Zwei-

Pinzgauer 710 4 x 4 mit vier Mann Feldkabeltrupp ohne Kraftfahrer während einer Erprobung bei der Brigadeartillerie-Abteilung 1.

achs- und Dreiachsversion in ihrem Bereich. Dabei wurde von den Abteilungskommandanten gefordert, die Fahrzeuge für die einzelnen Verwendungszwecke einer eingehenden praktischen Erprobung im Gelände zu unterziehen. Für diesen Zweck war auch daran gedacht, behelfsmäßig Einbauten und Halterungen anzubringen, deren Form und Zweckmäßigkeit erst durch diese Erprobungen festgestellt werden sollten. So viel sei festgehalten: Man sah eine große Anzahl an Verwendungsmöglichkeiten im Rahmen der Artillerie.

Auch das Jägerbataillon 19 legte einen Erprobungsbericht vor. Man war sich einig, dass der Pinzgauer verschiedene Fahrzeugtypen ersetzen könne, wie Haflinger, Jeep, Dodge, diverse VW-Typen und teilweise sogar den gl Lkw 2 1/2 t Steyr Diesel. Das Fazit lautete, dass mit der Einführung der Fahrzeugfamilie Pinzgauer im Jägerbataillon die Beweglichkeit des gesamten kleinen Verbandes nicht nur im Gelände, sondern auch auf der Straße ganz entscheidend gesteigert werden könnte. Die bisherige Kraftfahrzeugausstattung eines Jägerbataillons erlaubte es nicht, ohne entsprechendes Straßennetz

Pinzgauer 712 6 x 6 des Feldkabeltrupps der Panzerartillerie-Abteilung 3 während einer Erprobung.

Pinzgauer 712 6 x 6 des Feldkabeltrupps der Panzerartillerie-Abteilung 3 während einer Erprobung.

Höhenzüge im motorisierten Marsch zu überwinden und band vor allem die schweren Waffenteile an die vorhandenen Straßen. „Durch die Einführung des Pinzgauers in das Bataillon würde, auch den taktischen Erfordernissen Rechnung tragend (große Einsatzräume, geringe Truppendichte), eine Verschiebung kleiner Teileinheiten mit schweren Waffen rasch und reibungslos auch ohne vorhandenes Wegenetz möglich gemacht werden und dadurch die Kampfkraft eines Jägerbataillons entscheidend gesteigert werden“, so der Erfahrungsbericht in seinem Abschlusssatz.

Der dritte und letzte Erprobungsbericht stammt von der TelTruppenschule. Der Pinzgauer wurde als geeignet angesehen, alle bisher verwendeten Fahrzeuge für die diversen Aufgaben zu ersetzen. Allerdings wurden zusätzliche Gerätekisten, Halterungen, eine Zusatzheizung, Beleuchtungs- und Verdunkelungseinrichtungen, ein Arbeitstisch, Antennenhalterungen sowie ein Abteil für den Maschinensatz und den notwendigen Betriebsstoff gefordert. Die Erprobungen konnten jedoch aufgrund der kurzen Zeit, in der die Fahrzeuge zur Verfügung standen, und wegen des Fehlens jeglicher Einbauten nur theoretisch durchgeführt werden. So wurde vorgeschlagen, ein Pinzgauer Kommandokraftfahrzeug 4 x 4 zum probeweisen Einbau und zur praktischen Erprobung der angeführten Vorschläge zur Verfügung gestellt zu bekommen.

Pinzgauer 712 6 x 6 des Feldkabeltrupps während einer Erprobung bei der TelTruppenSchule im Jahr 1969.

Pinzgauer 712 6 x 6 des aufgesessenen Feldkabeltrupps während einer Erprobung bei der TelTruppenSchule im Jahr 1969.

Arbeitstisch und Gestellrahmen für den Funkfernschreiber (MFF-1-0) im Pinzgauer während einer Erprobung.

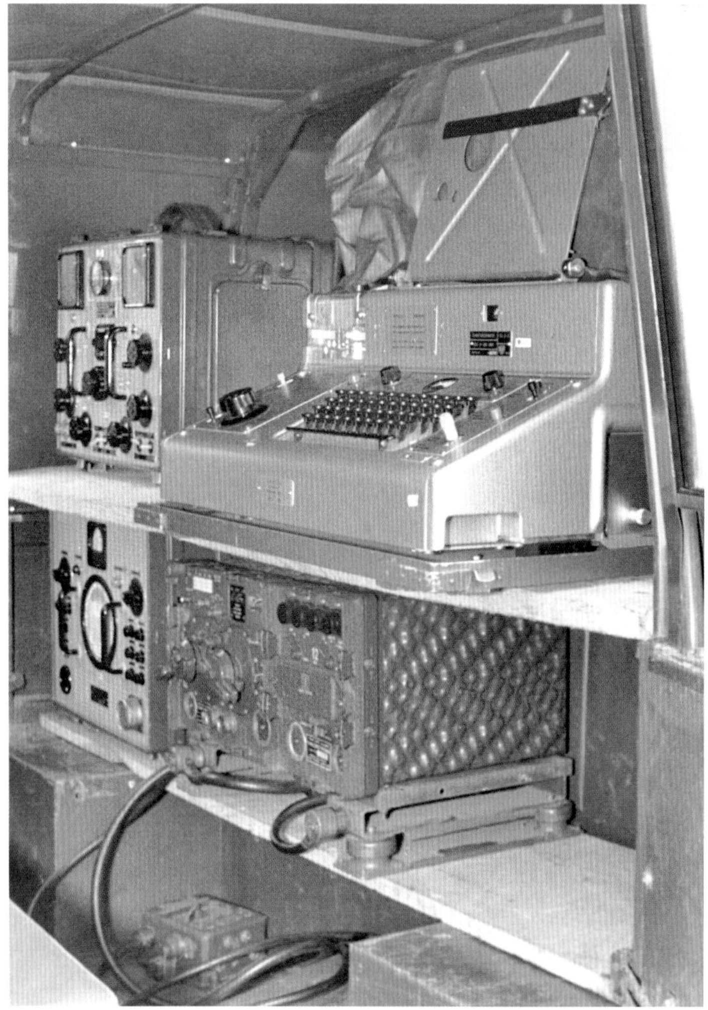

Funkfernschreiber MFF-1-0 im Pinzgauer während einer Erprobung.

Seitens der Prüf- und Versuchsstelle für Kraftfahr- und Maschinenwesen wurde im September 1969 festgestellt, dass der Pinzgauer 712 6 x 6 bei 100 km/h ruhig auf der Fahrbahn liege, die Bremsen im beladenen Zustand gut seien, die Fahreigenschaften in allen Geländebereichen hervorragend. Durch die Doppelhinterachse werden die Geradeausfahrt und das Befahren von Kurven kaum beeinträchtigt. Hinsichtlich Stellung und Ausführung der Hebel wünschte man sich Verbesserungen, über den Motor gab es keinerlei Klagen, das Getriebe wurde ebenfalls gut beurteilt, Starter, Lichtmaschine und Heizung gaben allerdings Anlass zu Kritik.

Der Pinzgauer erregte übrigens auch das Interesse des jugoslawischen Militärs. Am 28. Oktober 1969 veranstaltete die HKS in Bruck an der Leitha deshalb eine einstündige Vorführung der beiden Pinzgauer-Varianten für eine jugoslawische Offiziersdelegation. Diese Präsentation war so erfolgreich, dass auch die Jugoslawische Volksarmee rund 1000 (eine andere Quelle spricht von 3000) Exemplare des Pinzgauers 710 4 x 4 ab 1975/1976 beschaffte.

Im Dezember 1969 wurde im zweiten Zwischenbericht des Versuchsstabes der HKS nach dem Abschluss der Fortsetzung der Erprobung sowohl mit dem Pinzgauer 4 x 4 als auch 6 x 6 zwecks Festlegung der Aufbauversionen festgehalten, dass man voraussichtlich mit nur vier Varianten des Fahrzeugs bei allen Truppenkörpern das Auslangen finden könnte. Dies waren ein Kommandokraftfahrzeug 4 x 4, ein Mannschafts- und Transportkraftfahrzeug 4 x 4, ein Mannschafts- und Transportkraftfahrzeug 6 x 6 sowie ein Fernmeldekraftwagen. Außerdem wurde über die Ergebnisse der Testfahrten mit der 6 x 6-Version und der 4 x 4-Version berichtet. Bemängelt wurden am 6 x 6-Fahrzeug die schwergängige Lenkung, die Fahreigenschaften, die Bremsen und die Startschwierigkeiten. Diese Probleme zeigten sich auch beim Kommandokraftfahrzeug 4 x 4 alt, jedoch nicht in einem so krassen Ausmaß. Weiters stand bereits ein Kommandokraftfahrzeug 4 x 4 neu zur Verfügung, das dieselben Lenk- und Fahreigenschaften wie der 4 x 4 alt aufwies. Bei der 6 x 6-Variante wurde angemerkt, dass ein abgeregelter Verteilerfinger unnötig sei, weil das Kraftfahrzeug infolge des Erreichens seiner Leistungsgrenze die Geschwindigkeit von 100 km/h bei 4000 U/min fast nie erzielte. Ebenso wurde die Bremsleistung der 6 x 6-Variante als unzureichend beurteilt.

1970 wurden mit der Schweizer Version der Pinzgauer-Prototypen (mit festem und Planenaufbau) Belade- und Einbauversuche durchgeführt. Es sollten die endgültigen Aufbauformen festgelegt werden. Diese Erprobungen fanden wieder mit der Truppe, der Artillerieschule der TelTruppenschule und der Heereszeuganstalt/TelZeuganstalt statt. Es sollte dabei geklärt werden, inwieweit sich die Schweizer Aufbauversionen für die vorgesehenen Verwendungen eignen beziehungsweise welche Abänderungen vorgenommen werden müssten.

Die Indienststellung des Pinzgauers nimmt langsam Gestalt an

Im April 1971 sollten die Weichen bei der Produktion des Serienfahrzeuges für das Bundesheer gestellt werden. Zunächst aber war abzuklären, wie der Aufbau des Pinzgauers aussehen sollte, was zu diesem Zeitpunkt noch (immer) unklar war. Dieses Problem sollte innerhalb von zwei Wochen geklärt werden. Bereits am 17. Mai 1971 stellte das Grazer Werk das Serienfahrzeug vor (die Serienproduktion des 4 x 4 startete laut Dipl.-Ing. Dr. Egon Rudolf, dem „Mister Pinzgauer", noch im selben Jahr). Unklar war weiters der Verteilungsschlüssel der Fahrzeuge, also welche militärische Organisationseinheit mit einem Zweiachser, Dreiachser, Kommandokraftfahrzeug oder M-Wagen (das heißt mit Plane sowie ohne festen oder sonstigen Aufbau) beteilt werden würde. Dies hing wiederum von der künftigen Organisationsform des Bundesheeres ab, über die im Frühsommer entschieden werden sollte. Nachdem der Dreiachser erst mit Beginn 1973 ausgeliefert werden sollte, musste nur der Verteilungsschlüssel beim 4 x 4-Modell (Kommando- oder M-Wagen) abgeklärt werden. Für den zivilen Markt sollte der Pinzgauer nach Angaben der Werksleitung erst ab 1972 zur Verfügung stehen. Der Haflinger wurde übrigens neben der Serienproduktion des Pinzgauers im neuen Werk in Graz weiter produziert.

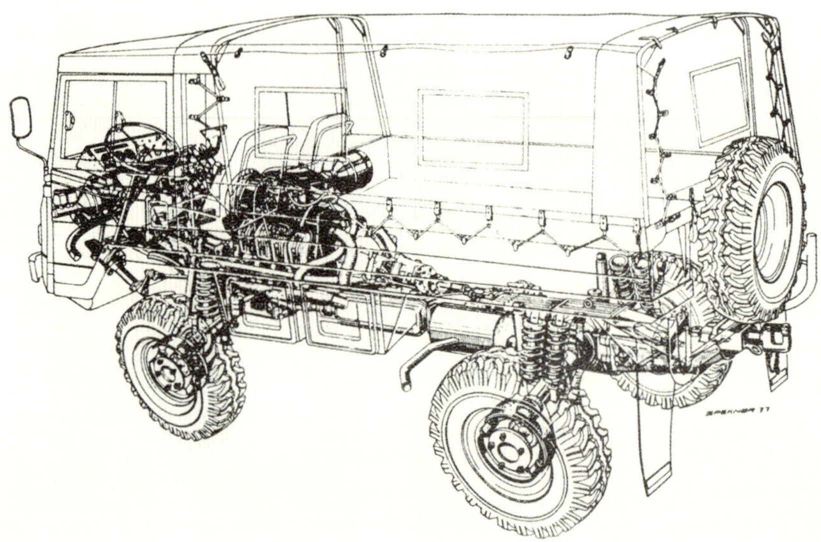

Schnittzeichnung eines Pinzgauers 710 4 x 4.

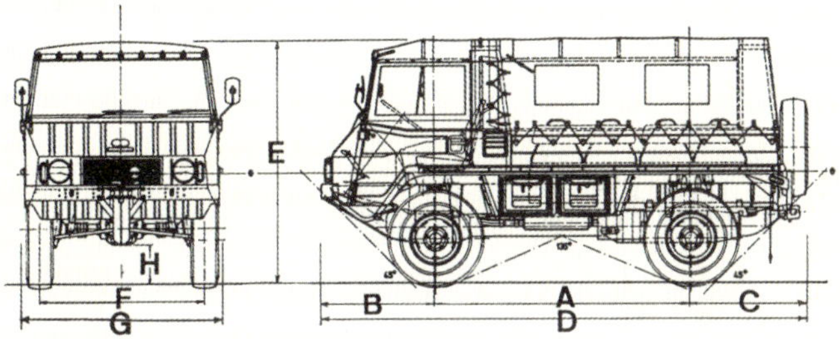

Dimensions A 220 cm, B 97 cm, C 100,5 cm, D 417,5 cm, E 204,5 cm, F 144 cm, G 176 cm, H 33 cm.

Zeichnung mit Abmessungen eines Pinzgauers 710 4 x 4.

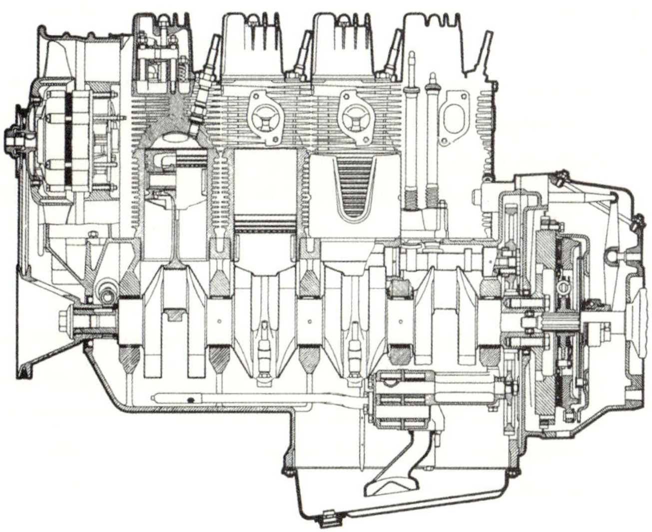

Konstruktionszeichnung des luftgekühlten Pinzgauer-Motors.

Fahrgestell eines Pinzgauers 712 6 x 6.

Im September 1971 stand ein 4 x 4 Pinzgauer der Vorserie zur Begutachtung an der HKS bereit. Dieser war allerdings Baujahr 1970. Mit dem Fahrzeug wurden 222 Kilometer zurückgelegt, dabei stellte man (wieder einmal) eine Reihe von Mängeln fest. Im April 1972 war es dann neuerlich so weit: Der HKS wurde dieser Vorserienwagen zu einer abschließenden Begutachtung übergeben. Dabei war vor allem zu überprüfen, ob alle Forderungen und Wünsche ordnungsgemäß ausgeführt worden waren. Denn die Kommando/Fernmelde-Ausführung floss unmittelbar danach gemäß dieser Vorserienversion in der Serienfertigung ein. Es erfolgten neuerlich etliche Beanstandungen, einige Forderungen und Wünsche wurden jedoch nach Rücksprache zwischen Bundesheer und Werk als technisch unerfüllbar beziehungsweise zu aufwendig bezeichnet.

„Mister Pinzgauer" Dipl.-Ing. Dr. Egon Rudolf mit einem zivilen Pinzgauer 710 4 x 4.

Als Nächstes war die TelTruppenschule hinsichtlich Fernmeldeverwendung an der Reihe. Im Anschluss sollte die Prüf- und Versuchsstelle für Kraftfahr- und Maschinenwesen das Fahrzeug wieder übernehmen und an die Steyr-Daimler-Puch-Werke zurückstellen. Auch zum damaligen Zeitpunkt war der Pinzgauer keinesfalls noch „perfekt“. Es gingen viele Jahre ins Land, bis das „beste Geländefahrzeug der Welt“ seinem Ruf gerecht wurde.

Für den Oktober 1972 war daher mit einem Musterfahrzeug eine neuerliche Begutachtung vorgesehen: Die Prüf- und Versuchsstelle für Kraftfahr- und Maschinenwesen nahm eine technische Begutachtung vor, die HKS begutachtete hinsichtlich Fahrbetrieb und Gerätewartung, und bei der TelTruppenschule erfolgte eine Prüfung hinsichtlich Fernmeldeverwendung. Im Jänner 1973 wurde der Vorserienwagen noch dem Jägerbataillon 19 zur Begutachtung übergeben. Dabei wurde neuerlich eine Reihe von Mängeln festgestellt. Es wurde aber festgehalten, dass „bei einer Beseitigung der aufgezeigten Mängel beziehungsweise Ergänzung (Heizung, Trennwand zwischen Führerhaus und Mannschaftsraum) dieses Fahrzeug infolge seiner verschiedenartigsten Verwendungsmöglichkeiten der Truppe eine entscheidende Verbesserung auf dem motorisierten Sektor bringen wird“.

Kurzfristig wurde dem Bundesheer auch ein Pinzgauer-Musterwagen 4 x 4 in der Mannschaftsversion zur Verfügung gestellt. Obwohl die Serienproduktion bereits 1971 begonnen hatte, dürfte das Bundesheer gemäß der Aktenlage offensichtlich auch nach diesem Zeitpunkt noch fleißig Tests durchgeführt haben.

Anfangsschwierigkeiten

1973 lief die Auslieferung der vom Bundesministerium für Landesverteidigung bestellten Pinzgauer an. Auch bei diesen Fahrzeugen kam es, trotz der langen Entwicklungsdauer, zu einer Reihe von Problemen, die offenbar erst im Lauf der Serienentwicklung beseitigt werden konnte.

So liegt vom Dezember 1973 etwa eine Auflistung mit festgestellten Mängeln am Pinzgauer 710 4 x 4 (Ausführung Kommandokraftfahrzeug und Fernmeldekraftfahrzeug) vor. Diese bezog sich auf Werkzeug und Reserveteile am Kraftfahrzeug, die Ölstände, Bremsleitungen, Undichtheit des Motors und den Radwechsel. Im Februar 1974 wurde vom Versuchsstab der HKS eine Mängelliste beziehungsweise eine Liste mit berichtigten Kritikpunkten für die Endausführung des Pinzgauers 4 x 4 erstellt. Weiters wurde festgestellt, dass nach einer Fahrtstrecke von etwa 1000 bis 2000 Kilometern das Blech im Bereich der Schweißpunkte an der Verbindungsstelle zwischen Plateau und Stirnwand einreißen konnte. Solche Risse waren über die gesamte Fahrzeugbreite möglich. Es kam auch vor, dass der Gang im Verteilergetriebe gelegentlich heraussprang. Die Reparaturkosten dafür übernahm die Steyr-Daimler-Puch AG.

Die Pflichtüberprüfungen am Pinzgauer waren übrigens in Vertragswerkstätten des Werks durchzuführen und erfolgten nicht in den heereseigenen Werkstätten.

Präsentation des ersten Fahrzeugs der Serie Pinzgauer 710 4 x 4 im Steyr-Daimler-Puch-Werk.

Der erste serienmäßig erzeugte Pinzgauer mit Mitarbeitern des Steyr-Daimler-Puch-Werks.

Präsentation des ersten Fahrzeugs der Serie Pinzgauer 710 6 x 6 im Steyr-Daimler-Puch-Werk.

Präsentation des 1000. Fahrzeugs der Serie Pinzgauer 710 4 x 4 im Steyr-Daimler-Puch-Werk.

Foto des 500. Fahrzeugs der Serie Pinzgauer 710 4 x 4 im Steyr-Daimler-Puch-Werk.

Aufnahme des geschmückten 100. Fahrzeugs der Serie Pinzgauer 710 4 x 4.

Feierstunde im Werk mit dem 1000. Fahrzeug der Serie Pinzgauer 710 4 x 4.

Bundesminister für Landesverteidigung Karl Lütgendorf (mit Hut) im Kreise von Werksangehörigen mit einem Pinzgauer 710 4 x 4; ganz links „Mister Pinzgauer“, Dipl.-Ing. Dr. Egon Rudolf.

1974 wurden Bremsprobleme durch einen ausgefallenen vorderen Bremskreis festgestellt. Es gab auch Klagen über eine übermäßige Belästigung der Fahrzeugbesatzung aufgrund von Auspuffgasen. Bei der Freigabe der Serie war eine Geruchsbelästigung in Kauf genommen worden, obwohl mittels praktischer Versuche die optimale Lage des Auspuffendes ermittelt worden war. Man sagte der Besatzung als Abhilfe dieses Problems, das Fahrzeug sei „mit einer Reihe von Lüftungsmöglichkeiten ausgestattet“. Die HKS sollte daraufhin die günstigste Anwendung dieser Lüftungseinrichtungen erarbeiten.

Eine von der Steyr-Daimler-Puch AG vorgenommene Untersuchung der Reifenabnützung am Pinzgauer ergab, dass nach 6000 bis 8000 Kilometer Fahrleistung die Vorderräder zu 70 bis 80 Prozent und die Hinterräder zu 40 bis 50 Prozent abgefahren waren. Für diese starken Abnützungen war die Dynamik der Pendelschwingachse verantwortlich. Bei der Vorderachse trat ein zusätzlicher Reibungswiderstand durch die Vorspureinstellung von 2 bis 5 Millimeter auf. Zur Verringerung des Reifenverschleißes wurde vorgeschlagen, den bisherigen Reifendruck von 1,7 atü auf 2 atü zu erhöhen. Die HKS wurde angewiesen, zu überprüfen, ob durch die Hinaufsetzung des Reifenluftdrucks eine Änderung in den Straßen- und Geländefahreigenschaften festzustellen sei. Antwort der HKS: „Der geringeren Reifenabnützung steht eine Verminderung der Fahrsicherheit gegenüber, was sich im Hinblick auf die an und für sich durch die besondere Bauart des Pinzgauers bestehenden Gefahren im Fahrbetrieb nachteilig auswirken kann. Ein wesentlicher Unterschied im Fahrverhalten konnte nicht festgestellt werden.“

Im Lauf der Jahre wurden weitere Mängel festgestellt, wie zum Beispiel das Abschmelzen der Streuscheiben aus Kunststoff bei der Innendeckenleuchte oder das Lösen von Dämmmatten, und es gab Änderungen und Anordnungen im Betrieb dieses Fahrzeugs.

Auch das beste geländegängige Fahrzeug unterliegt den physikalischen Gesetzen. Umgestürzter Pinzgauer 710 4 x 4 der Heereskraftfahrschule.

Dasselbe Fahrzeug aus einem anderen Blickwinkel.

Der Pinzgauer wird zur Erfolgsstory

1970 erfolgte die erste Bestellung durch das Bundesheer. Die Fahrzeuge wurden, wie erwähnt, ab Mitte 1973 ausgeliefert. 1971 (eine andere Quelle spricht bereits 1970 vom „first production vehicle" – vermutlich ist gemeint, dass es sich um das erste Serienfahrzeug handelt) wurde schließlich die Produktion des Pinzgauers 4 x 4 aufgenommen, am 17. Mai 1971 wurde er im Rahmen einer Pressekonferenz in Graz der Öffentlichkeit vorgestellt. Die Typenprüfung für den 710 M (M steht für Planenverdeck) erfolgte am 17. August 1973 und jene des 712 M am 4. Oktober 1974. 1976 begann die Auslieferung des San-Pinzgauers (Sanitätsausführung) an das Österreichische Bundesheer.

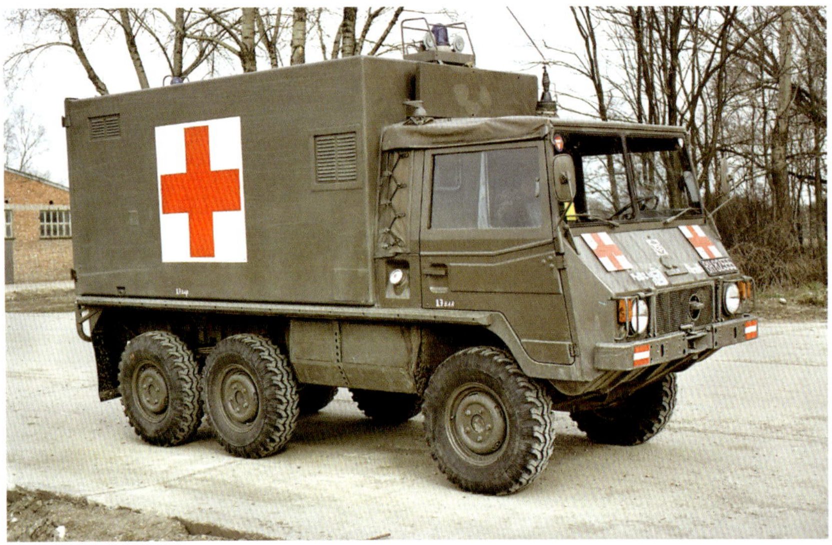

Pinzgauer 712 San 6 x 6.

Um auch in außereuropäische Länder exportieren zu können, wurden umfangreiche Erprobungen in Wüsten- und Tropengebieten durchgeführt. 1973 fuhr ein Werksteam mit einem 4 x 4 K (K steht für Kastenwagen) und einem 6 x 6 M

Betanken eines Pinzgauers 712 San 6 x 6.

von Tunesien durch die Sahara bis nach Nigeria. Temperaturen von 50 bis 55 Grad Celsius im Schatten waren keine Seltenheit. Aufgrund der guten Fahreigenschaften im Gelände wurden im Sand der Sahara Durchschnittsgeschwindigkeiten von über 70 km/h erreicht. Umfangreiche Tests wurden auch in Namibia durchgeführt. Die erfolgreichen Erprobungen waren die Voraussetzung für langjährige Geschäftsbeziehungen. Der Pinzgauer wurde in den Armeen folgender Länder verwendet: England, Ghana, Jordanien, Jugoslawien, Malaysia, Nigeria, Norwegen, Oman, Sudan, Schweiz, Syrien, Saudi-Arabien, Tunesien, Venezuela und Zypern.

Manchmal, wie im Fall von Namibia, kam ein Kaufabschluss aufgrund politisch ungeklärter Umstände nicht zustande. Auch Assembling-Projekte mit verschiedenen Interessenten (zum Beispiel 1978 mit den Philippinen, Australien, Nigeria und anderen Staaten) wurden zwar angedacht, kamen aber nicht zur Ausführung. Die schwedische Regierung wiederum entschied sich trotz bester Erprobungsergebnisse mit dem Pinzgauer für die heimische Marke Volvo. Vermutlich hat die Beschäftigungslage der inländischen Industrie den Ausschlag für diese Entscheidung gegeben.

Für einen Pinzgauer gibt es kein Hindernis.

Tests in großen Höhen führte man ebenfalls durch. Probefahrten mit Experten der Armee Perus fanden nicht nur in den Wüstengebieten an der Pazifikküste statt, sondern man überquerte auch die Gebirgspässe in den Anden. Der Höhenunterschied von etwa 4800 Metern zwischen Lima und dem Anticona wurde mit unveränderter Vergasereinstellung bewältigt. Die Dieselloks der berühmten Andenbahn hingegen mussten alle 1500 Höhenmeter wegen der Anpassung an die Höhe gewechselt werden. Aufgrund der schlechten wirtschaftlichen und innenpolitisch prekären Lage kam es jedoch zu keinem Geschäftsabschluss.

Mit Venezuela konnte dagegen ein Vertrag über die Lieferung einer großen Stückzahl an Pinzgauern zustande gebracht werden. Die Unterzeichnung wäre allerdings beinahe geplatzt, weil eine Lieferung von Kürassier-Panzern an Chile vonseiten Österreichs praktisch über Nacht gestrichen wurde, was Zweifel an der Vertragstreue österreichischer Unternehmen aufkommen ließ.

Die Großabnehmer Österreichisches Bundesheer und Schweizer Armee

Wie erwähnt, hat das Bundesheer im Juni 1970 die ersten Bestellungen des Pinzgauers abgegeben, und zwar:

700 Stück gl LKW 1t Typ 710 4 x 4,
400 Stück gl FMKW 1t Typ 710K (geschlossene Ausführung) 4 x 4,
550 Stück gl LKW 1,5t, Typ 712 6 x 6 und
150 Stück gl SanKW 1,5t, Typ 712T San 6 x 6.

Die Auslieferung der Fahrzeuge erfolgte 1973, nachdem vorher ein Auftrag der Schweizer Armee abgearbeitet worden war. Die Schweiz, die 1970 Bestrebungen in Gang gesetzt hatte, ihre Armee mit neuen Fahrzeugen auszustatten und den gesamten Bestand zu vereinheitlichen, hatte 1971 bei der Steyr-Daimler-Puch AG 5000 Pinzgauer als Mehrzweckfahrzeug für allgemeine Transportaufgaben sowie als Führungs- und Sanitätsfahrzeug bestellt. Der Pinzgauer sollte mehrere zur Ablöse fällige Fahrzeugtypen ersetzen; das waren in erster Linie die Dodge Weapon Carriers und Command Cars. Außerdem sollte er einige Jahre später statt der bereits über 20 Jahre alten Mowag-Fahrzeuge zum Einsatz kommen. Der Ersatz des Jeeps für die Kommandanten durch den Pinzgauer wiederum bedeutete mehr Platz, um eventuell Mitfahrer mitnehmen zu können, und mehr Raum, um Ausrüstung und Gepäck transportieren zu können.

Das Österreichische Bundesheer verwendete den Pinzgauer in verschiedenen Ausführungen. Die erste Baureihe (710/712) wurde von 1971 bis 1985 ausschließlich mit einem luftgekühlten Vierzylinder-Reihenmotor, eine Eigenentwicklung von Puch, gebaut. Die Benzinmodelle waren mit einem Fünfgang-Schaltgetriebe ausgestattet.

Pinzgauer 710 4 x 4 der Panzerfliegerabwehr.

Pinzgauer 712 M 6 x 6 mit Planenverdeck.

Pinzgauer 710 4 x 4 im leichten Gelände.

Im Oktober 2000 standen beim Bundesheer folgende Modelle mit Benzinmotor in Verwendung:

Baumuster	Kurzbezeichnung	Ausführung
glLKW 1t (4 x 4), 710 Pinzgauer	710 LKW	Lastkraftwagen, Planenverdeck
glLKW 1t (4 x 4), 710 Pinzgauer M-FU	710 LKW	Lastkraftwagen, Planenverdeck
glLKW 1t (4 x 4), 710 Pinzgauer	710 LKW	Fahrschule
glLKW 1t (4 x 4), 710 Pinzgauer	710 LKW	Schneepflug
glKdoKW 1t (4 x 4), 710 Pinzgauer	710 FM	Kommandokraftwagen, fester Aufbau
glFMKW 1t (4 x 4), 710 Pinzgauer	710 FM	Fernmeldekraftwagen, fester Aufbau
glLKW 1,5t (6 x 6), 712 Pinzgauer	712 LKW	Lastkraftwagen, Planenverdeck
gllFALKW 1,5t (6 x 6), 712 Pinzgauer	712 lFAL	Lastkraftwagen, Planenverdeck
glFlAKW 1,5t (6 x 6), 712 Pinzgauer	712 FlA	Lastkraftwagen, Planenverdeck
glKdoKW 1,5t (6 x 6), 712 Pinzgauer VFF-6-0	712 FM	Kommandokraftwagen, fester Aufbau (Multiplextrupp)
glFMKW 1,5t (6 x 6), 712 Pinzgauer	712 FM	Fernmeldekraftwagen, fester Aufbau
glFMKW 1,5t (6 x 6), 712 Pinzgauer MXF-715-0	712 FM	Fernmeldekraftwagen, fester Aufbau (dürfte für ein Multiplexgerät sein)
glFMKW 1,5t (6 x 6), 712 Pinzgauer VFF-3-0	712 FM 200	Fernmeldekraftwagen, fester Aufbau (Richtverbindungstrupp)
glFMKW 1,5t (6 x 6), 712 Pinzgauer VFF-4-0	712 FM MUX	Fernmeldekraftwagen, fester Aufbau (Richtverbindungstrupp)
glSanKW 1,5t (6 x 6), 712 Pinzgauer	712 San	Sanitätsfahrzeug

Außerdem existiert noch ein einziger Fernmelde-Pinzgauer 718 6 x 6 mit Klimaanlage, der einen Störsender beherbergt. Bei den 4 x 4-Benzinmodellen des Pinzgauers gibt es folgende Zusatzbezeichnungen:

710 M: Fahrzeug mit Planenverdeck,
710 K: Fahrzeug als Kastenwagen,
710 T: Fahrzeug mit Pritsche,
710 AMB-Y: Ambulanzwagen,
710 AMB-S: Ambulanzwagen mit portablem Shelter.

Weiters gibt es Sonderversionen des Pinzgauers: als Panzerattrappe, Schneepflug und Fahnentrupp-Kraftwagen. Fahrzeuge mit Katalysator standen ebenfalls in Verwendung.

Auch die 6 x 6-Benzinmodelle haben neben den erwähnten spezielle Bezeichnungen:

712 M: Fahrzeug mit Planenverdeck,
712 K: Kastenwagen,
712 FlA: Fliegerabwehrkanonen-Träger,
712 W: Werkstattwagen mit portablem Shelter,
712 DK: Fahrzeug mit Metalldoppelkabine mit dahinter liegender Pritsche,
712 T: Pritschenfahrzeug,
712 AMB-S: Ambulanzwagen mit portablem Shelter,
712 FW: Feuerwehrfahrzeug,
712 REC: Bergungsfahrzeug.

Technologiesprung: der Turbo-Diesel-Pinzgauer

1985 wurde der Pinzgauer komplett überarbeitet. Es entstand die Baureihe 716/718, die auf einen Dieselmotor umgestellt und 1986 in Dienst gestellt wurde. Anfangs wurde ein flüssigkeitsgekühlter Turbodieselmotor (2,4 l Sechszylinder-Turbodiesel vom VW LT mit 85 kW und Ladeluftkühlung) eingebaut. Ab 2003 wurde dieser Motor durch einen 2,5 l Fünfzylinder (VW-Turbodiesel) ersetzt. Die Sechszylinder-Turbodiesel-Modelle (1985–2003) waren von Beginn an wahlweise mit einem Fünfgang-Schaltgetriebe oder einem Viergang-Automatikgetriebe lieferbar. Die Fünfzylinder-Turbodiesel-Modelle wurden nur mehr mit einem Viergang-Automatikgetriebe ausgeliefert.

Diesel-Pinzgauer 716 4 x 4 der HKS.

Diesel-Pinzgauer 716 4 x 4.

Beim Diesel-Pinzgauer wurde die Nutzlast erhöht, und zwar beim 4 x 4 von 1 t auf 1,5 t und beim 6 x 6 von 1,5 t auf 2 t. Weiters wurde die Fahrsicherheit verbessert, was einen vergrößerten Radstand und Spurweite bedeutete. An allen Rädern wurden Scheibenbremsen und beim 4 x 4 wurde auch eine Niveauregelanlage verbaut. Mit neuen Sitzen, einem neuen Armaturenbrett, einer besseren Geräuschisolierung, der wahlweisen Verwendung eines Schalt- oder Automatikgetriebes, einer Servolenkung auf Wunsch und einer elektropneumatischen Schaltung konnte der Fahrkomfort gehoben werden. Für eine größere Reichweite sorgten ein mehr Dieseltreibstoff fassender Kraftstoffbehälter sowie der geringere Verbrauch des Dieselmotors gegenüber dem Benzinmotor. Dem Rostschutz wurde durch die teilweise Verwendung verzinkter Bleche Aufmerksamkeit geschenkt. Von der Firma Achleitner in Wörgl (Tirol) wurde der Diesel-San-Pinzgauer sogar mit einem gepanzerten Aufbau hergestellt.

Diesel-Pinzgauer 716 4 x 4 im verschneiten Gelände. Man beachte den seitlichen Luftfilter.

Beim Bundesheer gab es folgende Ausführungen des Diesel-Pinzgauers:

gl LKW D-Turbo 1/2 t (716 M Pinzgauer),
gl FM KW D-Turbo 1 1/2 t (716 K Pinzgauer),
gl LKW D-Turbo 2 t (718 M Pinzgauer),
gl FM KW D-Turbo 2 t (718 K Pinzgauer),
gl San KW 2 t (718 T Pinzgauer).

Apropos Großabnehmer: Neben dem Österreichischen Bundesheer und der Schweizer Armee war ab 1994 die britische Armee der größte Abnehmer des Pinzgauers. Die Streitkräfte Großbritanniens sind/waren neben dem Österreichischen Bundesheer der größte Nutzer des Turbo D-Pinzgauers 716 und 718. Bei den Royal Marines der britischen Armee wird das Fahrzeug als „Truck Utility, Medium, Heavy Duty" bezeichnet. Die 4 x 4-Version wird hauptsächlich als Transportfahrzeug für Soldaten und als Zugmittel für leichte Geschütze bei Luftlandeverbänden und leichter Infanterie verwendet. Die 6 x 6-Version steht dagegen bei Fernmeldeverbänden im Einsatz. Diese Fahrzeuge haben eine spezielle Kabine für die Fernmeldeausstattung (Pinzgauer Turbo D 718 M).

Auch das beste Geländeauto kommt einmal in die Jahre

Wie in fast allen Ländern wurden bestimmte Fahrzeuge einer Generalüberholung unterzogen, um ihre Nutzungsdauer zu verlängern. Im Dezember 1994 erhielt Steyr-Daimler-Puch den Auftrag, 1414 Pinzgauer für die Summe von 586 Millionen Schilling (414.000 Schilling pro Stück) einer Generalüberholung zu unterziehen. Im Jänner 1997 stellte sich heraus, dass eine solche Generalüberholung viel teurer käme als ursprünglich angenommen und sich auf bis zu 703.000 Schilling pro Fahrzeug belaufen könnte. Die Kosten betrugen letztendlich 937 Millionen Schilling.

1998 hatte das Bundesheer mit der Steyr-Daimler-Puch Fahrzeugtechnik AG & Co. KG, SFT (die „alte" Steyr-Daimler-Puch AG war inzwischen von Frank Stronachs Magna-Konzern gekauft worden), einen Rahmenvertrag abgeschlossen. Dieser 15 Jahre laufende Vertrag sicherte die Lieferung von Originalersatzteilen der Fahrzeugfamilie Pinzgauer und Puch G.

Pinzgauer 710 4 x 4 mit den neuen Rückleuchten.

Pinzgauer 712 6 x 6, dahinter mehrere Steyr 680 in Wintertarnung.

The Pinzgauer goes America?

Drehen wir das Rad der Zeit zurück. 1977 nahm man die USA als möglichen Absatzmarkt ins Visier. Ein entsprechendes Fahrzeug, abgestimmt auf amerikanische Kundenwünsche, wurde gebaut und als Testfahrzeug zur Verfügung gestellt. Den Pinzgauer rüstete man mit einem stärkeren Motor mit 2,7 l Hubraum und einer Leistung von 98 PS bei 4000 U/min aus. Eine führende Motorzeitschrift lobte den Allradler aus Österreich unter dem Titel „Pinzgauer Austria builds the ultimate off roader!“

1980 wurde der Pinzgauer der amerikanischen Armee vorgestellt. Die Marines zeigten großes Interesse, und es wurde auch schon der Dieselmotor als alternativer Antrieb angekündigt. Aufgrund laufender Verschärfungen der Abgasbestimmungen, vor allem aber, um den Pinzgauer für den amerikanischen Markt zu erschließen, waren Maßnahmen auf der Motorenseite notwendig: Der luftgekühlte Benzinmotor wurde auf ein Einspritzsystem (Bosch-K-Jetronic) umgerüstet, wodurch die in den USA geltenden Abgasbestimmungen erfüllt werden konnten. Die Leistung wurde erhöht (105 PS), und sogar ein Abgasturbolader wurde angeboten (115 PS). Allerdings stieß der sehr hohe Verkaufspreis (30.000–50.000 US-Dollar) sowohl bei Kunden wie Verkäufern auf wenig Akzeptanz.

Im Jänner 1986 wurde in New Orleans im Rahmen einer Autohändlermesse nochmals versucht, mit dem Pinzgauer-Turbo D in den USA Fuß zu fassen. Trotz sehr erfolgreicher Vorführungen in den Mississippi-Sümpfen und großem Interesse konnte jedoch keine potente Verkaufsorganisation gefunden werden, obwohl Bedarf am zivilen und militärischen Sektor vorhanden war. Auch die Bestimmung bei militärischen Fahrzeugen, dass wesentliche Teile aus den USA stammen mussten, verhinderte nicht nur den Import für die amerikanischen Streitkräfte, sondern ebenso eine Fertigung in den USA. Dennoch erwarben die US Delta Forces eine Reihe von Pinzgauern 718 M in den 1990er-Jahren. Diese Fahrzeuge waren 2003 unter den ersten, die im Irak „einmarschierten“. Aufgrund von Roadside-Bomben kamen dann gepanzerte Fahrzeuge zum Einsatz.

Das Ende der Erfolgsstory. Das letzte Modell läuft vom Band

Am 23. Februar 2000 war es dann so weit – der letzte Pinzgauer lief in Graz vom Band. Ohne zu übertreiben kann man sagen, dass damit eine fast 30 Jahre dauernde Erfolgsgeschichte österreichischer Ingenieurskunst und die des weltbesten Geländefahrzeuges zu Ende ging. Peter Rieger schilderte diese Augenblicke mit folgenden Worten: „Am Montag (eben jenem 23. Februar 2000) war ich mit Stefan Hawlicek (Redakteur für die Zeitschriften ‚Internationale Transport Revue' und ‚Baumaschine, Baugerät, Baustelle') um 8 Uhr in der Früh in Graz beim Steyr-Daimler-Puch-Werk in der Puchstraße. Getroffen haben wir uns mit Herrn Glöckl aus der Presseabteilung, sind dann in der Fertigungshalle herumgestanden und haben auf jemanden gewartet, der aber nicht gekommen ist. Stattdessen hat uns ein Mechaniker aus der Fertigung alles gezeigt. Dem war zum Glück wurscht, was wir alles fotografiert haben (weil das ja sonst verboten ist).

Die Montage passierte großteils in einer einzigen Halle (circa 60 Meter lang, 25 Meter breit). 25.000 Autos wurden dort zusammengebaut. Es waren noch sieben ‚Pinzis' am Band, in jeder Stufe der Fertigstellung (für die saudi-arabische Armee bestimmt). Vom allerletzten ‚Pinz' haben wir das komplette Fahrgestell mit Motor gesehen.

An einem Fahrzeug waren fünf Leute beschäftigt, in drei Tagen wurde es fertig zusammengebaut. In Summe arbeiteten circa 35 Leute in der Fertigung. Früher wurden am Tag drei ‚Pinzis' fertig, die letzten zwei Jahre nur mehr einer, was dann das Ausschlaggebende für das Aus war. Bis Ende März läuft noch ein Vertrag mit dem Bundesheer; einige alte Benzin-‚Pinzis' werden noch restauriert. Dafür zerlegt man sie komplett, jeder (wenn auch nur wenig) verschlissene Teil wird ausgetauscht, neu lackiert und wieder zusammengebaut. Danach schauen sie aus wie neu."

Hightech bekam man bei der Fertigung des Pinzgauers kaum zu sehen, letztendlich wurde fast alles in Handarbeit montiert. Wie erwähnt, waren die geringen verkauften Stückzahlen ausschlaggebend dafür, dass die Produktion beendet beziehungsweise verkauft wurde. Der Markt für das sehr spezialisierte Fahrzeug, das unter einer Million Schilling kaum zu haben war, erwies sich als offensichtlich zu klein. Immerhin wurden in 30 Jahren etwa 24.000 Stück (andere Quellen sprechen gar von rund 30.000 Einheiten) in verschiedenen Varianten gebaut. Eine ähnlich lange Produktionszeit wird kaum ein anderes Fahrzeug aufweisen können. Das grundlegende Design des Pinzgauers ist nur ein einziges Mal geändert worden, um einen sparsameren und stärkeren Motor einbauen zu können.

Das weitere Schicksal des Pinzgauers

Nach der Einstellung der Produktion in Graz im Jahr 2000 wurde eine Lizenz nach England an die Firma Automotive Technique Ltd. in Aldershot/Hampshire vergeben. Sie entwickelte das Kraftfahrzeug weiter, und es blieb mit einem 5-Zylinder-Dieselmotor von VW und höheren Nutzlasten ein begehrtes Spitzenprodukt mit hoher Zuverlässigkeit. In Großbritannien wurde der Pinzgauer bis 2007 gebaut. Neben der britischen Armee wurden verschiedene arabische Wüstenstaaten sowie Neuseeland Pinzgauer-Kunden.

Die Angaben über die weiteren Firmenverkäufe differieren ab diesem Zeitpunkt. 2002 soll Automotive Technique Ltd. von Armor Holdings übernommen worden sein. Armor Holdings kaufte 2006 unter anderem das texanische Unternehmen Stewart & Stevenson, den Hersteller der „Family of Medium Tactical Vehicles" der US-Armee, die eine Entwicklung der ehemaligen Steyr-Daimler-Puch AG auf der Basis des Steyr-Militärlastkraftwagen 12M18 war. 2007 wurde Armor Holdings von British Aerospace übernommen und in BAe Systems AH Inc. umbenannt. 2008 erfolgte eine Verlegung der Fertigung und Entwicklung von England nach Südafrika zur dortigen Firma British Aerospace-BAe Landsystems OMC in Benoni.

Die neueste Version des Fahrzeuges heißt Pinzgauer II. Dieser geriet breiter und höher und verfügt über einen 3,2 l 6-Zylinder-Dieselmotor mit 145 kW. Es gab (oder gibt) auch eine minensichere Hauber-Version, den Pinzgauer-Mantis. Die Anzahl der gebauten Pinzgauer-II-Modelle ist allerdings unbekannt. In England verblieb nur das Service für die bei der britischen Armee vorhandenen Pinzgauer I.

Die Pinzgauerfamilie im Österreichischen Bundesheer

Der erste im Österreichischen Bundesheer zugelassene Pinzgauer mit der Fahrgestellnummer 575.0001

Das Fahrzeug wurde mit Einzelgenehmigung vom Oktober 1967 beim Österreichischen Bundesheer in Dienst gestellt. Im Februar 1984 wurde es abgemeldet und von einer Privatperson erworben, die es über das Dorotheum Fahrzeug und Technik Zentrum Traun versteigern ließ. Die Auktion fand am 18. Oktober 2015 statt. Rufpreis: 12.000 Euro.

Pinzgauer 710 4 x 4 aus der Erprobung mit der Fahrgestellnummer 575.0001. Dieses Fahrzeug wurde vom Bundesheer über das Dorotheum verkauft.

Dasselbe Fahrzeug aus einem anderen Blickwinkel.

Dasselbe Fahrzeug in Seitenansicht.

Detailinformation zum gleichen Fahrzeug durch das Dorotheum. Die PS-Angabe dürfte nicht stimmen, denn dieses Automobil wurde laut Akten auf 90 PS umgebaut.

Blick auf den Arbeitsplatz des Fahrers dieses Pinzgauers, der noch nicht der serienmäßigen Ausführung entspricht.

Seitenansicht des Pinzgauers 710 4 x 4 mit der Fahrgestellnummer 575.0001, Baujahr 1967, 74 PS, mit dem vom Bundesheer Erprobungsfahrten vor der Serienfertigung unternommen wurden. Hier in restauriertem Zustand.

Dasselbe Fahrzeug aus einem anderen Blickwinkel. Das Fahrzeug ist bereits sehr seriennahe, dennoch fallen unter anderem die kleinen Blinker sowie der kleinere Kühlergrill ins Auge.

Nochmals dasselbe Fahrzeug aus einem anderen Blickwinkel, das vom Bundesheer neben den Serienmodellen genutzt und nach dem Ausscheiden nun zum Bestand des Traditionsverbands Heereskraftfahrwesen gehört.

Viel bestaunt auf Paraden

Neben vielen anderen Fahrzeugen des Österreichischen Bundesheeres war auch der Pinzgauer ab den 1970er-Jahren ein viel bestaunter Bestandteil bei Paraden.

Mehrere Pinzgauer bei einer Parade auf der Wiener Ringstraße.

Parade anlässlich einer Ausmusterung an der Militärakademie in Wiener Neustadt.

Auch ein Pinzgauer muss gewartet werden

Um ein betriebssicheres Fahrzeug zu haben, ist die Instandhaltung sehr wichtig. Beim Österreichischen Bundesheer wurde darauf geachtet, die Wartungsintervalle beim Pinzgauer genau einzuhalten, um einen Reparaturstau zu vermeiden.

Reparatur der Bremsen an einem Pinzgauer 710 4 x 4.

Verladung eines Pinzgauers 712 6 x 6, der sich auf einer Abrollplattform befindet, auf ein MAN-Trägerfahrzeug.

Einstellen der Vergaser am Pinzgauer.

Einsatz im Fernmeldewesen

Für den Einsatz im Fernmeldewesen war der Pinzgauer im Vergleich zum Haflinger aufgrund des größeren Innenraumes ein ideales Fahrzeug.

Pinzgauer 712 6 x 6 in Fernmeldeausführung der Richtfunkbetriebs-kompanie.

Pinzgauer 710 4 x 4 in Fernmeldeausführung.

Pinzgauer 710 4 x 4 in Fernmeldeausführung des Panzerstabbataillons 9.

Wichtige Stütze bei Katastropheneinsätzen

Zu einem beinah unverzichtbaren Gerät wurde der Pinzgauer im Lauf der Jahre für die Bewältigung insbesondere von Naturkatastrophen.

Pinzgauer 710 4 x 4 während eines Katastrophenhilfseinsatzes der Pioniere in St. Lorenzen.

Pinzgauer 710 4 x 4 eines Pionierbataillons im Katastropheneinsatz im Bereich des Militärkommandos Steiermark.

Diesel-Pinzgauer 718 San 6 x 6 im Katastropheneinsatz im Bereich des Militärkommandos Steiermark.

Pinzgauer 712 6 x 6 während des Katastrophenhilfseinsatzes in St. Lorenzen.

Ein Automobil für jede Jahreszeit

Der Pinzgauer wurde bei vielen Übungen des Österreichischen Bundesheeres am Truppenübungsplatz Allentsteig und an vielen anderen Orten eingesetzt.

Pinzgauer während der Übung „Felsenberg 2003“ im Raum Waldviertel. Daneben ein Schützenpanzer „Ulan“.

Zwei Pinzgauer im Tarnlook sichern an einer Straße (Übung „Felsenberg 2003“ im Waldviertel).

Sicherung durch einen Pinzgauer (Übung „Felsenberg 2003“).

Pinzgauer 710 4 x 4 an der Abzweigung nach Neupölla und Germanns (Übung „Felsenberg 2003").

Pinzgauer mit Blick auf die Besatzung (Übung „Felsenberg 2003").

Pinzgauer in martialischer Aufmachung.

Pinzgauer 710 4 x 4 bei einer Übungstätigkeit.

Pinzgauer 710 4 x 4 während der Übung „Mondschein 99“ in Ried im Innkreis.

Zwei Pinzgauer 710 4 x 4 bei einer Übung.

Ein Pinzgauer 710 4 x 4 bei einer Übung in einem Stoppelfeld und am Waldrand.

Getarnter Pinzgauer 710 4 x 4 im Stadtverkehr.

Pinzgauer 710 4 x 4 des Jägerbataillons 25 passiert eine Pontonbrücke.

Pinzgauer 712 6 x 6 des Fliegerabwehrbataillons 3 im Winter.

Zwei Pinzgauer des Fliegerabwehrbataillons 3, ebenfalls im Winter.

Pinzgauer 710 4 x 4, dahinter zwei Puch G.

Ein Automobil für jede Jahreszeit – Pinzgauer 710 4 x 4 im Schneetreiben bei der Abschlussübung der KFOR (Kosovo Force, an der sich das Österreichische Bundesheer seit 1999 beteiligt) in Götzendorf.

Pinzgauer 710 4 x 4 während der Objektschutzübung „AEGIS 14“ (2014).

Pinzgauer 710 4 x 4 während der Übung „Quick Response“.

Übung des Jägerbataillons 19 im Winter mit Pinzgauer 712 San 6 x 6.

Pinzgauer 710 4 x 4 auf einer Brücke während einer Übung des Jägerbataillons 19.

Zwei Pinzgauer des Fliegerabwehrbataillons 3 unter winterlichen Fahrverhältnissen.

Zwei Pinzgauer des Fliegerabwehrbataillons 3 auf Schneefahrbahn.

Pinzgauer 710 4 x 4 im Einsatz als Sanitätsfahrzeug bei einer Übung der 7. Jägerbrigade (Fahrzeug des Jägerbataillons 25).

Pinzgauer 710 4 x 4 im Einsatz als Sanitätsfahrzeug bei einer Übung der 7. Jägerbrigade (Fahrzeug des Jägerbataillons 25).

Pinzgauer 710 4 x 4 befährt eine Pontonbrücke während einer Übung der 7. Jägerbrigade (Fahrzeug der Heerestruppenschule).

Ausbildung für einen UNO-Einsatz. Pinzgauer 710 4 x 4 des Jägerbataillons 19.

Der Pinzgauer in der Fliegerabwehr

Der Pinzgauer wurde in speziell umgebauter Form als Nachfolger des FlA-Dodge gerne in der Fliegerabwehr eingesetzt.

Pinzgauer 712 6 x 6 als Träger für leichte Fliegerabwehrwaffe in Aigen im Ennstal.

Pinzgauer 712 6 x 6 mit 2 cm Fliegerabwehrkanone.

Fliegerabwehr-Pinzgauer mit Sonderanhänger vor einem auf einem Kreisverkehr bei Tulln aufgestellten Kampfflugzeug Saab J 35 Ö „Draken“.

Kolonne von Fliegerabwehr-Pinzgauern mit den dazugehörigen Sonderanhängern des Flieger-Regiments 2.

Teilweise getarnter Pinzgauer 712 6 x 6 mit 2 cm Fliegerabwehrkanone.

Raustreten zum Fahrzeugappell!

Beim Bundesheer wird alles inspiziert. Auch der Pinzgauer …

Fahrzeugappell. Neben den Pinzgauern sind drei VW-Busse und ein leichter Militär-Pkw (4 x 2) VW 181 zu sehen.

Detail eines Fahrzeugappells, im Hintergrund ein Pinzgauer.

Fahrzeugappell mit Blick auf einen Pinzgauer.

Fahrzeugappell. Links im Bild ein Pinzgauer, daneben verschiedene Steyr-Lastkraftwagen.

Pinzgauer mit herausgezogenen Batterien unter dem kritischen Blick eines überprüfenden Organs.

Auslandseinsätze des Pinzgauers

Zahlreich waren die Übungen mit dem Pinzgauer in Österreich für Auslandeinsätze des Fahrzeuges. Und zahlreich waren auch die Auslandseinsätze des Pinzgauers.

Zwei Pinzgauer (710 4 x 4 und 712 San 6 x 6) der österreichischen Blauhelme.

UNO-Pinzgauer 712 6 x 6 der UNDOF (United Nations Disengagement Observer Force; ein Truppenkontingent, das 1974 auf die Golanhöhen entsandt wurde. Eine der am längsten andauernden Missionen der Vereinten Nationen) passiert einen Checkpoint mit österreichischen Blauhelmen.

Diesel-Pinzgauer 718 San 6 x 6 im Auslandseinsatz.

Pinzgauer 712 6 x 6 der österreichischen Blauhelme bei einer Wasseraufbereitungsanlage.

Diesel-Pinzgauer 716 4 x 4, daneben Wasseraufbereitungsanlagen.

UNO-Pinzgauer 718 6 x 6 der UNDOF passiert eine Schafherde.

Pinzgauer 6 x 6 vor dem Stützpunkt der österreichischen Blauhelme am Mount Hermon.

Zwei Pinzgauer 712 6 x 6 in exotischer Umgebung.

Verladung eines Pinzgauers 712 San 6 x 6.

Schiffsverladung eines Pinzgauers 710 4 x 4.

Pinzgauer 712 6 x 6 vor dem Großraumflugzeug Antonow.

Pinzgauer 710 4 x 4 des Pionier-Bataillons 2 (EOD Austria = „Explosive Ordnance Disposal", dabei geht es um Kampfmittelräumung).

Pinzgauer 712 San 6 x 6 der AFDRU („Austrian Forces Disaster Relief Unit" ist das Katastrophenhilfeelement für „Urban Search and Rescue" des Österreichischen Bundesheeres) im Gelände.

Ein „Katalog“ von Pinzgauern in ziviler und militärischer Ausführung

Nachfolgend eine Bildergalerie von Pinzgauern, die dokumentieren, wie vielfältig die Einsatzmöglichkeiten dieses Fahrzeuges im militärischen als auch im zivilen Bereich waren.

Pinzgauer 712 K 6 x 6
in ziviler Ausführung.

Pinzgauer 710 K 4 x 4.

Pinzgauer 710 M 4 x 4.

Pinzgauer 712 6 x 6 in Feuerwehrausführung.

Pinzgauer 712 6 x 6 in ziviler Ausführung, Tropenmodell als Campingbus.

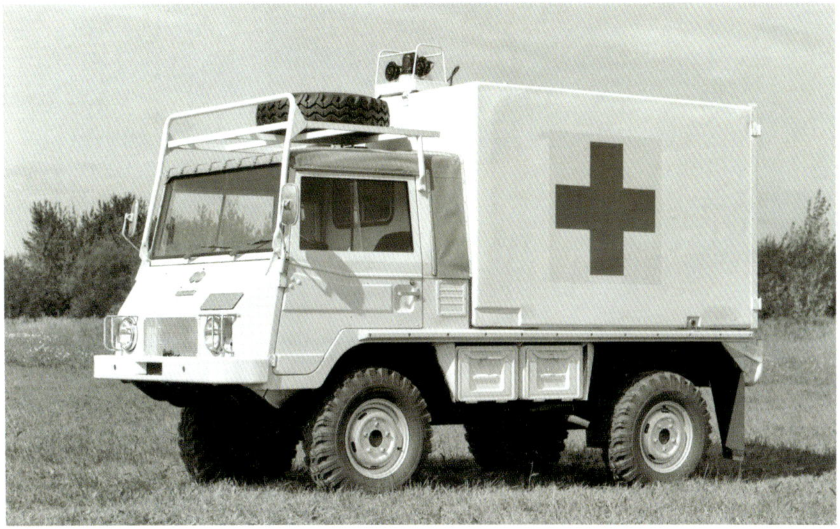

Pinzgauer 710 4 x 4 als Sanitätsfahrzeug.

Pinzgauer 712 6 x 6 als Sanitätsfahrzeug in Tropenausführung.

Pinzgauer 710 4 x 4 in Funkausführung.

Pinzgauer 710 4 x 4 als Sanitätsfahrzeug (beim Österreichischen Bundesheer nicht eingeführt gewesen).

Pinzgauer 712 6 x 6 in Feuerwehrausführung.

Pinzgauer 712 6 x 6 in Fernmeldeausführung.

Pinzgauer 710 4 x 4 als Mannschaftswagen.

Pinzgauer 710 4 x 4 in Tropenausführung.

Pinzgauer 712 M 6 x 6 als Mannschafts-
wagen von hinten.

Pinzgauer 712 M 6 x 6 als Mannschafts-
wagen von vorn.

Pinzgauer 712 San 6 x 6 als Sanitätsfahrzeug.

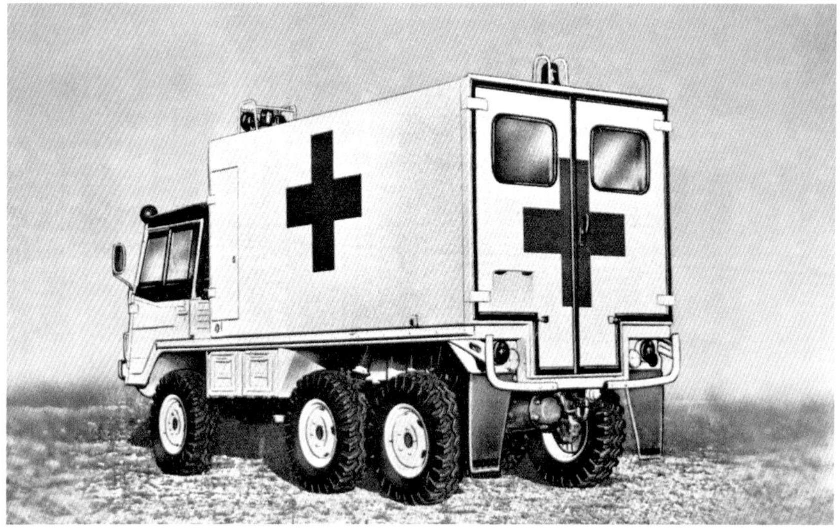

Pinzgauer 712 T 6 x 6 als Trägerfahrzeug.

Pinzgauer 712 TM 6 x 6 als Expeditionsfahrzeug.

Pinzgauer 712 W 6 x 6 als Werkstattwagen.

Technische Daten

Pinzgauer 710 und 712

Motor	
Bauart	Viertakt-Benzinmotor
Zylinderanzahl	4
Zylinderanordnung	in Reihe
Bohrung und Hub	92 mm und 94 mm
Hubraum	2499 cm³
Verdichtungsverhältnis	7,5:1
Höchstleistung	64 kW (87 DIN-PS) bei 4000 U/min
Maximales Drehmoment	177 Nm bei 2000 U/min
Zündfolge	1-2-4-3 (Zylinder 1, riemenscheibenseitig)
Schmierung	Druckumlaufschmierung (Doppel-Zahnradpumpe mit Ölkühler und Ölfilter im Hauptstrom)
Ventile	hängend
Ventilspiel (bei kaltem Motor)	Einlassventil 0,2 mm, Auslassventil 0,2 mm
Kühlung	Axial-Gebläse-Luftkühlung
Kraftstoffförderung	mechanische Kraftstoffpumpe
Vergaser	2 Gelände-Fallstrom-Doppelvergaser. Typ: Zenith 36 NDIX/2 Varianten
Luftfilter	Micronic-Feinstfilter mit vorgeschaltetem Zyklon-Filter

Fahrgestell		
Kupplung	Einscheiben-Trockenkupplung, Fichtel&Sachs, Typ 240 SD oder MF 240	
Wechselgetriebe	ZF-Wechselgetriebe, 5 Vorwärtsgänge und 1 Rückwärtsgang	
Übersetzungen	1. Gang 5,33	4. Gang 1,30
	2. Gang 3,24	5. Gang 1,00
	3. Gang 2,04	R-Gang 5,47
Verteilergetriebe	zweistufig	
	710	**712**
Übersetzungen	Straßengang 0,88	1,00
	Geländegang 1,69	1,92
Achsantrieb	mittels Spiralkegelrädern über Kegelradausgleichsgetriebe und Radantriebswellen zu den Radantrieben	
Übersetzungen des Achsantriebs	2,846	
Übersetzung des Radantriebs	2,266	
Vorderachsantrieb	Der Vorderachsantrieb kann während der Fahrt von Hand zugeschaltet werden	
Ausgleichsperre	In allen Achsen vorhanden. Die Ausgleichsperren können (einzeln oder gemeinsam) von Hand während der Fahrt eingeschaltet werden	
Lenkung	ZF-Gemmer-Lenkung	
Übersetzung	20:1 (5 Lenkradumdrehungen)	
Stellung der Vorderräder	sturzlastanhängig	
Radaufhängung	Einzelradaufhängung durch Pendelachsen	

Federung, vorn und hinten	Schraubenfedern mit zusätzlichen progressiv wirkenden Gummihohlfedern, 712 hinten Blattfedern
Federweg	200 mm
Stoßdämpfer	pro Halbachse ein doppelt wirkender hydraulischer Teleskop-Stoßdämpfer
Räder	Scheibenräder mit unsymmetrischen Tiefbettfelgen 6,50Kx16
Bereifung	235/85 R 16
Reifendruck	vorn und hinten 2,5 bar (Ausnahme: Schneepflug)
Bremsanlage	
Betriebsbremse (Fußbremse)	Hydraulische Zweikreisbremse – mit Unterdruck-bremskraftverstärker und ALB-Regler (4 x 4-Version)
Feststellbremse (Handbremse)	mechanisch, mittels Seilzug betätigte Zweischeibenbremse, über die zentrale Antriebswelle des Hinterachsantriebes auf die Hinterräder wirkend. Bei eingeschaltetem Vorderachsantrieb auch auf die Vorderräder wirkend
Elektrische Anlage	
Spannung	24 V
Lichtmaschine	Drehstromlichtmaschine Bosch Typ K 1 (R) 28 V 35 A
Regler	Bosch Typ RSED 28 V
Anlasser	Bosch Typ GE 24 V 1,3 PS
Zündverteiler	Bosch Typ JFM 4 mit Fliehkraft-Zündzeitpunktversteller
Zündkerze	4 Stk. Bosch WC 8 DC 445 oder Champion XMN-12
Batterie	2 Stk. 12 V 66 Ah

Hauptabmessungen (in mm)

	710 LKW	710 FM	712 LKW	712 lFAL	712 FlA	712 FM	712 FM MUX	712 San
Radstand	2200	2200	2000 + 980	2000 + 980	2000 + 980	2000 + 980	2000 + 980	2000 + 980
Spurweite (vorn u. hinten)	1440	1440	1440	1440	1440	1440	1440	1440
Fahrzeuglänge	4175	4175	4955	4955	4955	4955	4955	4825
Fahrzeugbreite	1795	1795	1795	1795	1795	1795	1795	1795
Fahrzeughöhe	2150	2180	2180	2180	2250	2180	2180	2700
Fahrzeughöhe mit Dachträger		2190				2190	2190	
Kleinster Spurkreisdurchmesser	9400	9400	11.500	11.500	11.500	11.500	11.500	11.500
Kleinster Wendekreisdurchmesser	11.000	11.000	13.000	13.000	13.000	13.000	13.000	13.000
Bodenfreiheit unter Achsantriebsgehäuse (beladen)	335	335	335	335	335	335	335	335
Wattiefe	600	600	600	600	600	600	600	600

Gewichte und Lasten (in kg gerundet)

	710 LKW	710 FM	712 LKW	712 IFAL	712 FlA	712 FM	712 FM MUX	712 San
Eigengewicht	2050	2300	2400	2670	2400	2780	3100	3900
Zulässiges Gesamtgewicht	3050	3100	3900	4100	3900	4100	4100	3900
Nutzlast	1000	800	1500	1430	1500	1320	1000	1100
Zulässige Achslast vorn	1550	1550	1450	1450	1450	1450	1450	1450
Zulässige Achslast hinten	1550	1550	2 x 1325	2 x 1325	2 x 1325	2 x 1325	2 x 1325	2 x 1325
Höchstes zulässiges Gesamtgewicht der Anhänger	*	*	*	*	*	*	*	*
Höchste zulässige Stützlast auf der Anhängerkupplung	75	75	75	75	75	75	75	75
Zulässige Dachlast	--	80	--	--	--	80	80	--

Gemäß den gesetzlichen Bestimmungen *

Sitzplätze

712 LKW	10-sitzig, Fahrer- und Beifahrersitz sowie im Mannschafts- bzw. Laderaum 4 klappbare Doppelsitzbänke in Längsrichtung
710 FM	5-sitzig, Fahrer- und Beifahrersitz sowie im Arbeitsraum 3 nebeneinander angeordnete Sitze in Fahrtrichtung
710 FM	7-sitzig, Fahrer- und Beifahrersitz sowie im Arbeitsraum 3 nebeneinander angeordnete Sitze in Fahrtrichtung und 2 Notsitze im Heckraum
712 LKW	14-sitzig, Fahrer- und Beifahrersitz sowie im Mannschafts- bzw. Laderaum: 6 klappbare Doppelsitzbänke in Längsrichtung
712 lFAL	6-sitzig, Fahrer- und Beifahrersitz sowie im Arbeitsraum 2 klappbare Doppelsitzbänke in Längsrichtung
712 FlA	2-sitzig, Fahrer- und Beifahrersitz
712 FM	5-sitzig, Fahrer- und Beifahrersitz sowie im Arbeitsraum 3 nebeneinander angeordnete Sitze in Fahrtrichtung
712 FM	6-sitzig, Fahrer- und Beifahrersitz sowie im Arbeitsraum 3 nebeneinander angeordnete Sitze in Fahrtrichtung und 1 Notsitz im Heckraum
712 FM 200 MUX	4-sitzig, Fahrer- und Beifahrersitz sowie im Arbeitsraum 2 nebeneinander angeordnete Sitze in Fahrtrichtung
712 San	2-sitzig, Fahrer- und Beifahrersitz, im San-Shelter 1 San-Sitz, 4 Krankentragen oder 6 Sitzplätze

Fahrgeschwindigkeiten und Steigleistungen sowie technische Höchstgeschwindigkeiten (in km/h)

	710		712	
	Straße	Gelände	Straße	Gelände
1. Gang	19,8	10,2	17,4	9,1
2. Gang	32,5	16,9	28,6	14,9
3. Gang	51,7	26,9	45,5	23,7
4. Gang	81,0	42,2	71,3	37,2
5. Gang	105,4	54,9	92,8	48,8
R-Gang	19,3	10,0	17,0	8,8
Für den Fahrbetrieb gilt: 4 x 4 Höchstgeschwindigkeit 100 km/h 6 x 6 Höchstgeschwindigkeit 80 km/h			Kleinste Dauergeschwindigkeit im 1. Gang: 4 km/h	
Steigleistungen und Rutschgrenze: Die Angaben gelten auf festem Boden, Wechselgetriebe in den 1. Gang, Verteilergetriebe in Geländestufe geschaltet und bei maximalem Drehmoment (2000 U/min). Steigfähigkeit bis zur Haftgrenze: 80 %				

Angaben in den einzelnen Gängen bei Motordrehzahl von 4200 U/min in km/h.

Taktische Fahrzeugdaten

	710 LKW	**710 FM**	**712 LKW**	**712 lFAL 712 FlA**	**712 FM**	**712 FM MUX**	**712 San**
Spezifische Leistung ohne Anhänger	28 PS/t 20 kW/t	28 PS/t 20 kW/t	22 PS/t 16 kW/t	22 PS/t 16 kW/t	21 PS/t 15 kW/t	21 PS/t 15 kW/t	22 PS/t 16 kW/t
Reichweite	500 km	500 km	700 km	700 km	700 km	700 km	700 km
Durchschnittlicher Kraftstoffverbrauch auf 100 km	28,0 l	28,0 l	30,0 l	30,0 l	30,0 l	30,0 l	30,0 l
Kraftstoffverbrauch der Zusatzheizung	--	0,38 l/h	--	--	0,38 l/h	0,38 l/h	0,38 l/h
Kleinster Wendekreis	11,0 m	11,0 m	13,0 m	13,0 m	13,0 m	13,0 m	13,0 m
Rampenwinkel	22°	22°	23°	23°	23°	23°	23°
Wattiefe	600 mm	600 mm	600 mm	600 mm	600 mm	600 mm	600 mm
Schwallwassersicherheit	700 mm	700 mm	700 mm	700 mm	700 mm	700 mm	700 mm
Überhangwinkel vorn/hinten	45°	45°	45°	45°	45°	45°	45°

Im Einsatzfall, gemäß §2 Wehrgesetz 1990, kann auf besonderen Befehl die zulässige Nutzlast überschritten werden. Im sonstigen Fahrbetrieb ist eine Überladung verboten. Das Fahrzeug ändert sich in seinem Fahr-, Lenk- und Bremsverhalten.

Pinzgauer Turbo D

	Pinzgauer Turbo D 4 x 4	Pinzgauer Turbo D 6 x 6
Länge	4480 mm	5260 mm
Breite	1800 mm	1800 mm
Höhe	2045 mm	2045 mm
Radstand	2400 mm	2200+980 mm
Spurweite	1520 mm	1520 mm
Wendekreis	11,5 m	13,0 m
Bodenfreiheit	335 mm	335 mm
Wattiefe	700 mm	700 mm
Leergewicht	ca. 2000 kg	ca. 2500 kg
Nutzlast	ca. 1500 kg	ca. 2000 kg
Zulässiges Gesamtgewicht	3500 kg	4500 kg
Anhängelast (Straße/Gelände)	5000/1500 kg	5000/1800 kg
Tankinhalt (M-Modell/K-Modell)	145 l/120 l	145 l/120 l
Böschungswinkel (vo./hi.)	40/45°	40/45°
Steigfähigkeit (unbeladen/beladen)	>100/>100%	>100/84%
Höchstgeschwindigkeit	122 km/h	112 km/h

Motor	
Bauart	Wassergekühlter 6-Zylinder-Motor mit Turboaufladung
Arbeitsverfahren	Viertakt-Diesel
Zylinderanordnung	6 Zylinder stehend in Reihe
Hubraum	2383 cm^3
Bohrung in mm	76,5
Hub in mm	86,4
Verdichtung	23,0
Leistung in kW (PS)	77 (105) bei 4350 U/min
Max. Drehmoment in Nm (kpm)	213 (21,7) bei 2400–2850 U/min
Ventilposition	OHC, pro Zylinder ein Einlass- und ein Auslassventil
Kraftstoff	Diesel
Kraftstoffzuteilung	Bosch/Verteilereinspritzpumpe mit Kaltbeschleuniger
Arbeitsfolge	1-5-3-6-2-4
Schmiersystem	Druckumlaufschmierung
Ölpumpe	Innenzahnradpumpe
Ölfilter	Papier-Hauptstromfilter
Öldruck im Leerlauf	Mindestens 1,2 bar
Kühlsystem	Kühlmittelumlaufkühlung
Temperaturregelung	Dehnstoff-Thermostat
Elektrische Anlage	24 Volt
Lichtmaschine	Alternator Bosch N1 28 V/55 A
Starter	Bosch EV 24 V/70 Ah

Keilriemen Lenkhilfepumpe Lichtmaschinen-Ventilator	 AV 13/12,5x1175 La AV 13/12,5x1175 La
Kraftstoffverbrauch	
Straße l/100 km (nach DIN 70030) Gelände 1/h (je nach Gelände)	15,2 6–10
Fahrleistungen	
Höchstgeschwindigkeit (nach DIN 70020) Minimalgeschwindigkeit Steigfähigkeit (fester Boden) Wattiefe	125 km/h 3 km/h bis zur Haftgrenze 600 mm
Schaltgetriebe	
Bauart	Vollsynchronisiertes 5-Gang-Getriebe
Baumuster	ZF S 5-18/3
Anzahl der Gänge	5 Vorwärts, 1 Rückwärts
Übersetzungen 1. Gang 2. Gang 3. Gang 4. Gang 5. Gang R-Gang	i = 4,25 i = 2,505 i = 1,48 i = 1,0 i = 0, 747 i = 4,03

Automatikgetriebe	
Bauart	Drehmomentwandler mit nachgeschaltetem 4-Gang-Getriebe
Baumuster	ZF 4 HP-22
Anzahl der Gänge	4 Vorwärts, 1 Rückwärts
Übersetzungen 1. Gang 2. Gang 3. Gang 4. Gang R-Gang	i = 2,73 i = 1,56 i = 1,0 i = 0,73 i = 2,09
Verteilergetriebe	
Bauart	2-Gang, vollsynchronisiert
Übersetzungen: Straße Gelände	i = 1,061 i = 2,452
Achsantriebe (Vorder- und Hinterachse)	
Mittels Spiralkegelräder über Kegelraddifferential und Radantriebswellen zu der im Radantriebsgehäuse liegenden Stirnradübersetzung	
Übersetzung Stirnradübersetzung	i = 2,81 i = 2,231
Räder und Reifen	
Felge	Steilschulterfelge 17,5 x 6,75 H

Reifen	UNIROYAL TMS 235/70 R 17,5
Reifendruck	3,5 bar vorn und hinten
Lenkung	
Art der Lenkung	Schnecke und Rolle
Hersteller	ZF
Type	7340
Einschlagwinkel	37°
Gegenwinkel	33°
Wendekreisdurchmesser	11,5 m (Pinzgauer 4 x 4) 13,0 m (Pinzgauer 6 x 6)
Spurkreisdurchmesser	10,5 m (Pinzgauer 4 x 4) 12,0 m (Pinzgauer 6 x 6)
Lenkstockhebel	176 mm
Lenkspurhebel	200/180 mm
Lenkhebel	176 mm
Nachlauf	4°
Spreizung	8°
Lenkraddurchmesser	425 mm
Übersetzungen: Lenkgetriebe Gestänge Gesamt	 20.000:1 1157:1 23.130:1
Gesamtausschlag am Lenkgetriebe	90° bei 4,5 Lenkradumdrehungen

Literatur

Automobil Revue: Pinzgauer – jüngstes Zugpferd unserer Heeresmotorisierung. Separatdruck aus Nr. 25. 1971.
Nagenkögl, Günther; Stögmüller, Hans; Ledwinka, Hans und Emil: Die Autopioniere und Chefkonstrukteure in Steyr und Graz. Ihr Leben/Ihre Technik. Gutau 2015.
Rudolf, Egon: Puch. Eine Entwicklungsgeschichte, Gnas 2007.
Sperl, Robert: Über alle Berge. In: Teschl, Herfried (Hg.): 100 Jahre Steyr-Daimler-Puch 1899–1999. Graz 1999.
Spielberger, Walter J.: Kraftfahrzeuge und Panzer des Österreichischen Bundesheeres. 1896 bis heute. Stuttgart 1976.
Truppendienst-Taschenbuch: Fremde Heere. Die Armeen der Neutralen und Blockfreien Staaten Europas, Wien 1969, 1972 (2. Auflage), 1978 (3. Auflage).
Unterlagen von Dr. Josef Nemeth
Unterlagen des Österreichischen Bundesheeres (HKS, AWT, HBF)

Websites
https://de.wikipedia.org/wiki/Steyr-Puch_Pinzgauer
https://ifem.at/2020/03/der-pinzgauer/
https://ifem.at/2020/05/pinzgauernachruf/
http://www.zuckerfabrik24.de/steyrpuch/Pinzgauer1.htm

Bildnachweis

Archiv Martin Krusche: Seiten 28, 29, 30, 31
Archiv Dipl.-Ing. Markus Rudolf: Seiten 10, 11, 12, 14, 26
Traditionsverband Heereskraftfahrwesen: Seiten 7, 51, 52, 53, 54
Alle anderen Fotos: Heeresbild- und Filmstelle

Aus dem Verlagsprogramm

Walter Blasi

Der Steyr-Puch Haflinger des Österreichischen Bundesheeres

Walter Blasi schildert in seinem Buch den langen Weg dieses Fahrzeuges zu einer der tragenden Säulen des Österreichischen Bundesheeres.

1957 wurden die ersten Prototypen gebaut. 1959 ging das Geländefahrzeug unter der Bezeichnung „Haflinger Typ 700 AP“ schließlich in Serie. Im Anschluss entwickelte sich der Haflinger zu einem militärischen Exportschlager.

23,5 x 20 cm. 116 Seiten mit zahlreichen Fotografien. Hardcover.
ISBN 978-3-9504720-9-7.

Walter Blasi

Der Steyr 680 des Österreichischen Bundesheeres

Der Steyr 680 war seit dem Ende der 1960er-Jahre das Rückgrat der Personen- und Materialbeförderung im Österreichischen Bundesheer. Sein hauptsächlicher Verwendungszweck war der Transport von Versorgungsgütern und der Mannschaft.

Im Lauf seiner Dienstzeit – genauer gesagt hatte er dazu fast 40 Jahre Zeit – sollte sich der 680er neben dem Haflinger und dem Pinzgauer als das wohl bekannteste Militärfahrzeug Österreichs etablieren.

23,5 x 20 cm. 116 Seiten mit über 130 Abbildungen. Hardcover.
ISBN 978-3-9519762-4-2.

W-H EDITION WINKLER-HERMADEN